WAIC

智联世界

——AI 筑就数字之都

世界人工智能大会组委会　编

上海科学技术出版社

WAIC
2021世界人工智能大会
WORLD ARTIFICIAL INTELLIGENCE CONFERENCE

“新一代人工智能正在全球范围内蓬勃兴起，为经济社会发展注入了新动能，正在深刻改变人们的生产生活方式。”

“中国愿在人工智能领域与各国共推发展、共护安全、共享成果。”

——摘自习近平总书记
致2018世界人工智能大会的贺信

前 言

2021世界人工智能大会于2021年7月8—10日在上海成功举办。御智慧之风，乘风远航；借互联为桨，踏浪前行。在疫情防控常态化背景下，本届大会以“智联世界　众智成城”为主题，线下线上相结合，吸引了来自世界各地的人工智能领域顶级科学家、企业家、投资家、开发者等各界人士，汇聚了世界人工智能发展前沿观点和成果，展现了AI赋能各领域转型升级的最新实践，描绘了全球人工智能健康发展、协同共治的崭新蓝图，在海内外业界和全社会产生广泛影响并引发众多关注。

作为国际高端合作交流平台，世界人工智能大会已成功举办四届。大会贯彻习近平总书记关于推动我国新一代人工智能健康发展的重要指示，落实国家《新一代人工智能发展规划》，也是上海加快建设人工智能高地、汇聚全球创新资源、推动人工智能产业和技术融合发展的重要举措。在2021世界人工智能大会开幕式上，中共中央政治局委员、上海市委书记李强致辞时强调，上海将深入贯彻落实习近平总书记重要指示精神，更加有力发挥人工智能的“头雁效应”，把人工智能作为全面推进城市数字化转型的重要驱动力，在打造智能经济、创造智享生活、塑造智慧治理上迈出更大步伐，加快建设更具国际影响力的人工智能“上海高地”，努力成为全球人工智能发展的最佳试验场和重要风向标，让智能时代的美好图景在上海这座城市得到充分演绎和生动展现。

为更好分享世界人工智能大会的思想观点和学术成果，应各界需求，大会组委会继续推出“智联世界”系列图书。本书以2021世界人工智能大会开幕式、全体会议和夜话活动的嘉宾演讲内容为主，围绕“AI开启未来”“AI赋能城市”“AI驱动经济”“AI点亮福祉”及“AI探索前沿”等主题，全面展现世界人工智能前沿观点洞察和最新发展态势。

本书旨在为相关人士和广大读者理解把握人工智能发展趋势、参与上海人工智能高地建设、推动我国新一代人工智能健康发展提供有益参考。

世界人工智能大会组委会

2021年11月

目 录

AI赋能城市

AI驱动经济

AI点亮福祉

AI探索前沿

WAIC

AI开启未来

人工智能，影响未来发展的变革力量

李彦宏

百度公司创始人、董事长兼首席执行官

百度公司创始人、董事长兼首席执行官。现任全国政协委员、中国民间商会副会长等。2018年，被授予“改革先锋”称号，获颁“改革先锋”奖章。

世界人工智能大会自2018年以来，已成功举办了三届。发展人工智能作为一项国家战略已经深入人心。人工智能是上海落实国家战略部署、重点发展的三大先导产业之一，也是城市数字化转型的重要驱动力量。

过去几年，关于人工智能的探讨主要集中在两个方面：一是人工智能对于未来经济发展和效率提升的帮助，二是如何防范人工智能技术发展带来的不可预知的风险，包括人工智能的伦理道德问题。而关于人工智能对于人类社会其他方面的价值，也就是人工智能的社会价值，讨论得并不多。而我认为人工智能的社会价值恰恰跟人民对美好生活的向往，跟高质量发展，是息息相关的，是值得社会各界认真对待的。

比如讲到智能交通的时候，我们较多地关注通行效率的提升会对城市GDP增长带来的促进作用。经过我们的测算，15%的通行效率的提升，可以转化为2.4%的GDP增幅。但是我们忽略了交通其实是个民生问题，带有明显的社会属性、服务属性和公共属性。人们对于交通拥堵的感受，对于限行限购的感受，远远超越了它们所对应的经济损失。

智能交通的显性价值与社会价值

据有关机构统计，全球每年有约135万人在交通事故中失去生命，这意味着平均每20多秒就有一人丧生于交通事故。而94%的交通事故是人为因素造成的。我们国家的刑事犯罪中，危险驾驶罪数量高居首位，达到了总刑事犯罪数量的1/4左右，这是非常触目惊心的数字。

全球每年大约510亿吨的碳排放当中，交通运输行业占比是16%。提升交通效率，就意味着减少碳排放，就有助于远离气候灾难。而“聪明的车”和“智慧的路”构建的智能交通系统，不仅可以明显降低交通事故的发生，提升安全通行的概率，还能够让人们对美好生活更有体会，让出行更加绿色环保。

再比如，我国正在步入老龄化社会。有关部门预测，“十四五”时期，全国老年人口将突破3亿，我国将从轻度老龄化迈入中度老龄化。这一转变，对经济增长、科技创新、社会保障、公共服务等各方面都提出了新的挑战。在智能助老这个领域，AI也大有可为。无论是社区还是居家养老，AI在为老年人提供生活便利、康复护理、助餐助行、紧急救援、精神慰藉等方面都能起到明显的作用。老年人在家里跌倒了，如何第一时间发

第一时间的智能助老

现，第一时间通知家人，第一时间进行救助，计算机视觉技术可以解决得很好。自然语言理解方面的进步，可以让“小度”这种智能屏跟老年人进行长达数小时的聊天解闷，永远忠诚陪伴老人。

AI还在不断拓展人类的生存空间和自由度。刚刚大家在屏幕上看到了“祝融号”火星车数字人，这是中国火星探测工程联合百度、基于人工智能技术开发的全球第一个火星车数字人。机器翻译技术的突破，可以让人类通过不同的自然语言进行自由交流。自动驾驶技术的突破，可以让汽车不像汽车，更像一台机器人，跑得比人快，还能听懂人的话，说得跟专业主持人一样好。郊区农场的苹果熟了，你可以让自己的汽车机器人跑去帮你取回来，不必遭受舟车劳顿。

这方面我们和业界很多人的认知有不一样之处。现在很多人认为汽车是一个大个儿的手机，也有人认为车是一台电脑加四个轮子。我们觉得智能汽车未来更像智能机器人，或者反过来说也对——未来机器人的主流方向，更像一台智能汽车。

在我看来，人工智能无疑将会是影响未来40年人类发展的变革力量。这个力量今天正在不断地积蓄，在交通、金融、制造业、能源、媒体等各行各业，人工智能技术的应用，都给出了行业数字化升级的新思路和新解法，甚至已经开始重塑整个行业的面貌，进而影响人类社会的未来。

为了迎接这一变革的到来，百度已经准备了很多年。我们的自动驾驶技术处于全球技术领导者阵营。不久前，百度推出了新一代共享无人车“Apollo Moon”，目标是让出行比当前订网约车更便宜；未来2～3年，我们计划将共享无人车服务开放至国内

中国的世界级智能交通系统集群

的30个城市，服务更多用户；我们最新的智能汽车也正在快速研发中，预计2～3年内大家就可以体验到一款更像机器人的汽车。

百度ACE交通引擎已经在上海、北京、广州、重庆等20余个城市或地区落地。借助"ACE智能交通引擎"带来的绣花级数字化路口与智能交通运营商模式，中国的城市正在构建世界级的智能交通系统集群。

从更宏观的角度来看，智能交通系统是未来数字城市运营的一个缩影。大家对机场、高速铁路、电信网络的运营商模式非常熟悉，但是目前我们还没有数字城市的运营商。我认为，AI技术助力下的数字城市运营商模式，会是一种很好的解决方案。通过AI新基建，我们有信心进一步为工业和城市的数字化转型贡献创新解决方案。

人工智能给行业和社会带来的变革，最终是为了服务于人。人工智能存在的价值是帮助人、教人学习、让人成长，而非超越人、替代人。技术只有服务于人、服务于社会，产生更多的正向价值和贡献，才真正有意义。

在智能助老这个领域，我们也在行动。我曾经听同事们讲过这样的场景：在百度智能公益试点小区，每户老人的家里都配备了定制化的"小度"智能屏，老人们可以利用它们放音乐、放视频、网上购物，打发空闲时光；也可以利用智能屏检查身体情况，实时掌握健康状态，做好慢病管理，远程呼叫医疗救援——拥有“十八般武艺”的智能设备已然提升了爷爷奶奶们的生活质量。

我们正在利用AI实现这样一个高度智能化的场景——通过将与老年人相关的医疗服务与健康管理设备智能化，帮助老年人对健康医疗数据进行收集与跟踪，从而更好地了解自己的身体情况；通过搭载在智能设备中的适老化综合服务平台，打通社区服务资源和卫生医疗资源，面向老年人提供家医服务、慢病管理、紧急呼叫等综合服务；通过普及以语音为核心，结合眼神、手势等多模交互的人工智能助手，让老年群体在日常生活的各个场景中，都能享受到科技发展带来的便捷。

这些智能系统，在几十年前，或许是科幻故事里才会出现的，但今天经过技术追逐者们的不懈努力，正在成为现实。百度以“用科技让复杂的世界更简单”为使命。我们对于人工智能的思考，一直聚焦在它能否促进人们平等地获取技术和能力，能否给人类带来更多自由和可能。我们也在不断携手更多志同道合的伙伴，持续探索更多“科技为更好”的路径。

过去几百年间，资源消耗型的工业发展被认为是社会进步的重要动力；但未来几百年，科技的进步足以支撑人类回归到低碳社会——这也是人与自然最初的相处模式。在这个过程中，AI正在帮助人类做出改变，并将在更多领域为经济发展和社会进步做出贡献，比如AI助力下的生物计算为人类的生命健康谋福祉，比如通过AI技术创新减少碳排放、助力“碳中和”。

不久前，百度也发布了自己的“碳中和”目标，我们承诺到2030年实现集团运营层面的“碳中和”。百度也将与生态伙伴一道

百度集团“碳中和”目标与路径

用AI助力“零碳成长”，进一步努力实现负碳排放，助力中国在2060年前达成“碳中和”目标，助力实现全球温升不超过1.5℃的气候目标。

一直以来，我们把探索人工智能视为星辰大海一般的征途。而今天，我们越来越感觉到，一个全新的人工智能社会即将到来。AI技术与物理世界不同的人群、场景结合，不经意间融入社会的脉络中。人工智能技术带来的便利，也终将演变成为人与社会的一种“下意识”。在这方面，我一直抱有坚定的信心——正如艾伦·图灵所说：“这不过是将来之事的前奏，也是将来之事的影子。”

智能向善，开启人类探索的无尽可能

马化腾
腾讯公司董事会主席兼首席执行官

腾讯公司主要创办人之一，现任腾讯公司董事会主席兼首席执行官。2018—2021年，连续4年入选《财富》杂志“中国最具影响力的50位商界领袖”。是第十二届、十三届全国人大代表。2018年，被授予“改革先锋”称号，获颁“改革先锋”奖章。

这是第四届世界人工智能大会，疫情并没有能够阻挡我们发展的脚步。过去几年，上海聚集人才，开放场景，打造平台，为包括腾讯在内的科技企业营造了良好的创新生态。在这次大会上，我们将和国家天文台共同发布“探星计划”。我们上海优图实验室的人工智能技术将用于寻找脉冲星、探索宇宙。

人工智能技术不但能够“上天”，还能“进厂”“入生活”。目前，已有上海的专业制造企业将人工智能技术用于质检环节，实现降本增效。本届大会，我们还带来了“王者荣耀”AI电竞赛，希望能够让大家欣赏到最高水平的AI竞技，同时激发青年人对于通用AI的研究兴趣。

在过去一年中，人工智能在医疗、城市治理、非接触服务等领域为我们的生活带来越来越多的便利，但是我们对人工智能的未知仍然大于已知。我们追求科技向善就要推动AI向善，让AI技术实现可知、可控、可用、可靠。人类要善用AI的智慧，就必须胜过日益强大的AI技术，这也是为什么腾讯2021年把可持续社会价值创新纳入公司的核心战略。我们希望用“向善”来牵引整个公司的技术创新和业务发展，一步一个脚印实现科技向善。

过去一百年，上海见证了现代中国的觉醒和奋斗。在新百年的起点，上海弘扬城市精神品格，全面提升城市软实力，积极为高品质发展提供“硬”支撑。我们将进一步扎根上海，聚焦基础研究和前沿探索，专注做好数字化助手，助力上海城市数字化转型。期待上海为全球城市数字化贡献“上海方案”。

迎接“转型时代”，拥抱“开放创新”

梅 宏

中国科学院院士

中国科学院院士，发展中国家科学院院士，欧洲科学院外籍院士。
历任国家“863”计划专家组成员、组长，国家“核高基”科技重大专项专家组成员，国家科技创新2030—“大数据”重大项目立项建议和实施方案编制组组长。

大家好，很高兴今天能够与大家分享关于“数字化转型”和“开放创新”这两个主题的几点认识。

当前数字化转型已经成为时代的趋势，我们正开启一个新的时代，即“数字经济时代”。发展数字经济是我们国家的一个重要历史机遇。习近平总书记指出，信息化为中华民族带来千载难逢的机遇，要通过推动信息领域核心技术突破，发挥信息化对社会经济发展的引领作用。一直以来我认为“千载难逢”和“引领”这两个词说得非常之重。

建设数字中国、发展数字经济已经成为国家战略，实施国家大数据战略、建设数字中国，这是我们时代的一个必然选择。在这里很重要的途径就是涉及各行各业的数字化转型，其中的重点应该是制造业的转型。国家对于数字化转型做了大量的部署，大家都能关注到，2021年各地的“两会”几乎都会涉及“数字化转型”“数字化发展”等关键词。当前，这一转型进程正从消费领域和服务领域开始转向传统行业（如制造业）。在这样的时代主流下，我认为这一轮的变革是大势所趋，它的核心驱动力就是互联及其延伸所带来的人、机、物的广泛连接。

这里有两项基本观察。一是各个业态都会围绕信息化的主线深度协作、融合，完成自身转型、提升和变革，并不断催生新的业态；二是我们也会看到很多传统业态会在这一轮变革中走向消亡。凤凰涅槃，浴火重生，将是我们各行业都须面临的。同时，转型也会是长期的过程。考察过去社会经济发展的周期律，我个人认为这一转型可能会长达数十年，这也是我为什么用“转型时代”的原因。此前工业革命用不到300年时间，对人类社会产生了巨大而深远的影响。但是，当前以互联网为代表的新一代信息技术所带来的这场工业革命、社会经济革命，它在广度、深度和速度上都将会是空前的，而且也会远远超越我们在工业时代获得的常识和认知，甚至远远超出我们的预期。

我认为“转型”是一场根本性的转变，首先要涉及范式转变（或者叫范型变迁）。信息化需要从过去的工具、助手的角色开始向主导、引领的角色发生转变，而关键就是要解放思想、转换理念，以实现范式转变。其中可以看到，数据在这个时代会成为非常重要的生产要素，这个要素和传统生产要素的不同之处在于它获得的非竞争性、使用的非排他性、价值的非耗竭性和源头的非稀缺性。

数字化转型之我见：根本性的变革
WORLD ARTIFICIAL INTELLIGENCE CONFERENCE
WAIC 2021世界人工智能大会
数字化转型是一种范型变迁（paradigm shift）
已有的信息化范型

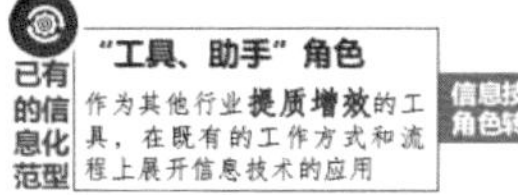
“工具、助手”角色
作为其他行业提质增效的工具，在既有的工作方式和流程上展开信息技术的应用

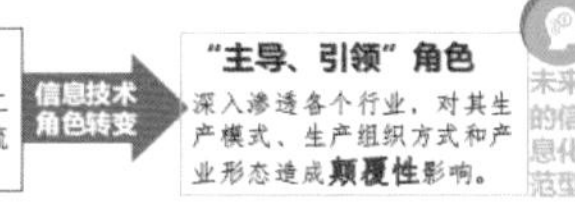
信息技术角色转变
“主导、引领”角色
深入渗透各个行业，对其生产模式、生产组织方式和产业形态造成颠覆性影响。

未来的信息化范型

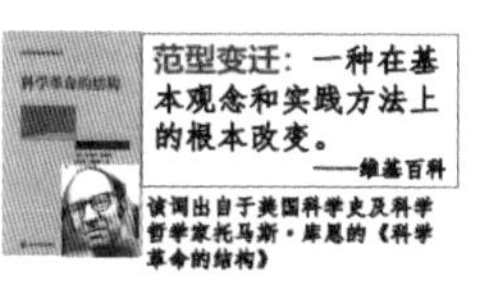
范型变迁：一种在基本观念和实践方法上的根本改变。
——维基百科
该词出自于美国科学史及科学哲学家托马斯·库恩的《科学革命的结构》

发展关键：“思想解放”+“理念转换”——“范型变迁”
数据成为生产要素将是这个时代重要特征之一
本体论视角：数据本身蕴含的信息、知识、规律、智慧、……
方法论视角：数字化对传统生产要素的赋值、赋能、……。数据成为其他生产要素的数字空间“孪生”。
数据要素特征：
获得的非竞争性
使用的非排他性（非独占性）
价值的非耗竭性
源头的非稀缺性

数字化转型是一种范型变迁

现在谈数字化转型，也有很多时候会谈到数字化，而数字化和转型是不同的：数字化只是准备一个基础，但是要真正实现转型就是要在数字化基础上完成流程再造、理念变化。这几年，虽然说国家数字化转型如火如荼，但是我们也观察到存在这样几个现象：一是不想，二是不敢，三是不会。其中，“不想”指的是认识不到位，“不敢”是指投入和路径不明的问题，而“不会”可能更多指技术的问题，这是我们很多专家都在共同关注的事情。

数字化转型面临着观念、制度、管理、技术、人才等多方面的系列挑战，我认为，其中观念是最为核心的要素。因此，数字化转型需要理念先行，通过解放思想实现观念转化——建立互联网思维、建立数字化思维，这是第一个层面。第二个层面，数字化转型是一个长期的过程，需要培养未来所需的数字化人才。第三个层面，因为这是一项系统工程，所以从政府层面、企业层面都应有整体性的规划和推进。第四个层面，相关成功的案例也是非常重要的，可以让大家知道该怎么走，怎样可以获利，怎么走得更为顺当、效率更高。用四句话来总结——理念铸魂、教育筑基、规划引导、案例示范。这是我理解的数字化转型。

关于开放创新，首先谈谈“开放”。我理解的“开放”意味着任何人可以在一定许可的前提下，进行自由的访问、使用、修改和共享。在此基础上，开放创新现在有很多形式，开放科学、开源硬件、开源软件、开放教育资源等。我理解的开放，从本质上说是：从机械化思维到大数据思维的变迁、从“零和博弈”到“协同共赢”的变迁，甚至可以更宏观地说，是从工业时代的工业化思维向“数智”文明时代的数字化思维的转变。在一定意义上，解放思想、转换理念，也是一种开放创新。

可以看到，开源软件毫无疑问是技术领域开放创新最早、最成功的实践。它已经彻彻底底改变了全球软件产业格局，实现了大众化协同、开放式共享，以及持续性演化，带来了整个产业结

开源软件是技术领域开放创新的最早最成功的实践

WAIC WORLD ARTIFICIAL INTELLIGENCE CONFERENCE 2021世界人工智能大会

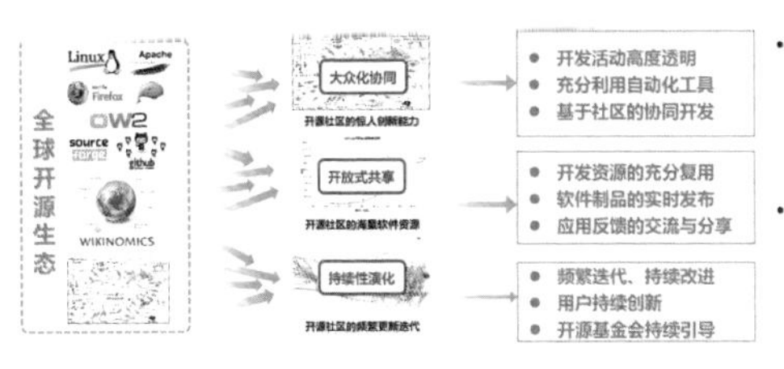

• Redhat调查了全世界1250位全球IT领导者，90%正在使用企业开源软件，其中IT基础架构现代化64%、应用开发54%、数字化转型53%。
——《2021年企业开源现状》，Redhat，2021.3

• Synopsys分析了17个行业1,500+个代码库，其中98%包含了开源代码。平均每个应用包含的开源组件数量5年内增长259%。
——《2021年开源安全与风险分析报告》，Synopsys，2021.4

《中国科学院学部咨询研究报告：开源软件技术发展策略研究》，梅宏等，2016

开源软件转变了全球软件产业格局

构的变化。

通过上图的数据可以看到，现在的软件几乎没有不涉及开源的。98%的软件都含有开源的成分，因此说开源已经成为一个不可逆的趋势。

人工智能的快速发展也离不开开源代码和开放数据。从早期的开放数据，到后来的开源算法，再到现在的开源框架，高质量的开放数据促进了深度学习算法的突飞猛进，而开源的深度学习框架又极大提升了算法开发的效率，这两者相辅相成。

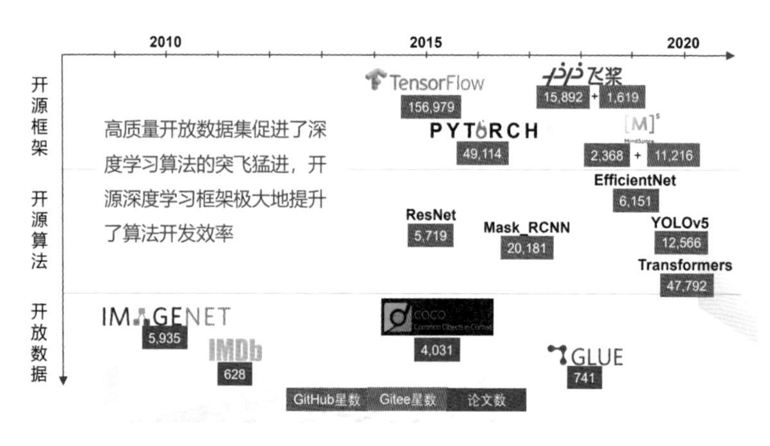

人工智能领域中开源情况的统计

可以说，今天人工智能的辉煌离不开开放，离不开开源。一方面，开放创新是提升人工智能产业竞争力的一个非常重要的手段。现在的科技巨头都在积极地拥抱开源、营造生态、加大投入，甚至把已有的闭源转为开源，加快对外开放其专有的机器学习框架。另一方面，开源开放也有利于争夺更多的用户资源，打造自身生态。同时开放性应用通过快速获取大量的数据，反过来又可以进一步优化模型算法，实现重要的反哺，成为企业不可或缺、不可替代的战略资源。

在我国，“开放创新”已经被正式列入“十四五”规划和2035年远景目标纲要。在数字化发展、建设数字中国的大背景下，开放创新涉及了开源社区、开源知识产权的相关体系、开源软件的代码等内容，这些都已在相关正式文件中一一详列。

在这里，我还想分享下对我国开放创新的认识和理解。首先，我们需要高度重视开源创新。通过这种方式有助于构建自主可控的信息技术新体系，也有助于促进我国数字化转型和数字经济发展。

其次，为真正理解开源，我们需要大力弘扬开源精神，把握包含开放、共享、协同、生态等在内的“共享共治，奉献为先”的开源精神本质。

再次，我们需要理性地实施开源策略。我曾在2016年的一份报告中提出“参与融入”的理念——鼓励我们的企业、个体、科研单位积极融入国际开源社区，站在巨人肩膀之上学习、发展，靠增加贡献来逐步增加我们的话语权。同时，我们也需要蓄势引领——建议从更符合我们工程师交流习惯的中文开源社区入手，针对国家的一些重大战略领域，建立若干中文社区，并使它们逐步成长壮大。我相信，随着我国国力的增强，我们能够在某些领域实现引领。

最后，要实现开源还有一个很重要的关键就是人才储备。我们现在的高等教育体系在开源方面是有所缺失的。因此，我们需要注重在开源教育方面布局，加强关于开源的文化教育、意识教育和技能教育，把开源技术和开源实践融入我们现有的课程体系、教育体系。

机器的猜想，人工智能创新新范式

徐 立

商汤科技联合创始人、首席执行官

商汤科技（SenseTime）联合创始人、首席执行官。带领商汤科技建立了全球顶级、自主研发的深度学习超算中心，使其成为亚洲最大的AI研发基地。2017—2020年，连续四年入选《财富》杂志“中国40位40岁以下的商界精英”榜单。

非常荣幸，商汤能和大家一起见证世界人工智能大会四年的发展历程。从2018年“人工智能赋能新时代”，到2019年人工智能的“无限可能”，再到2020年、2021年的“家园”和“城市”，人工智能正在越来越贴近我们的生活。

其实世界各地，包括国内一些城市，都有人工智能大会，但如果我们去看搜索引擎的热度指数，会发现人工智能相关话题的搜索峰值都是在我们世界人工智能大会期间。也就是说，世界人工智能大会已经无形中成为人工智能历史最重要的参与者、见证者和记录者。

今天我们要探讨的是创新。

我认为，人工智能是创新的源泉。我们发现过去的创新范式

人工智能大会搜索指数

是从归纳总结到演绎推理。在有了计算机之后，演绎推理可以用计算机来模拟，归纳总结可以用计算机做大数据驱动的算法，这构成了我们通常所说的创新的4个范式。但真正的颠覆式创新都不是这样来的：它来自天才灵光一现的“脑洞”，或者说天才的那些不可思议的猜想及思想实验。

现在，当我们拥有了人工智能和超级计算机之后，我想我们可以重新思考1950年的艾伦·图灵之问——“机器会不会思考?”或者我们的问题可以更简化一些——“机器会猜想吗?”

对于这个问题，我想答案是肯定的。因为在一些领域，机器已经给我们人类非常好的样板，它可以反向推动人类的科学进步。

那么产生机器猜想的必要条件是什么呢?

首先，伴随过去20年来计算机算力的发展，我们发现，最好的人工智能算法在过去10年中对于算力的需求增长了接近100万倍。照理说算法越先进，所需要的算力会越少。可是恰恰相反，我们探索的未知空间越大，需要的算力越大。这点无关乎数据，因为很多算法已经依赖于小数据，甚至不需要人类数据。正是这种探索，反倒给了我们一种更新和迭代认知的可能性。

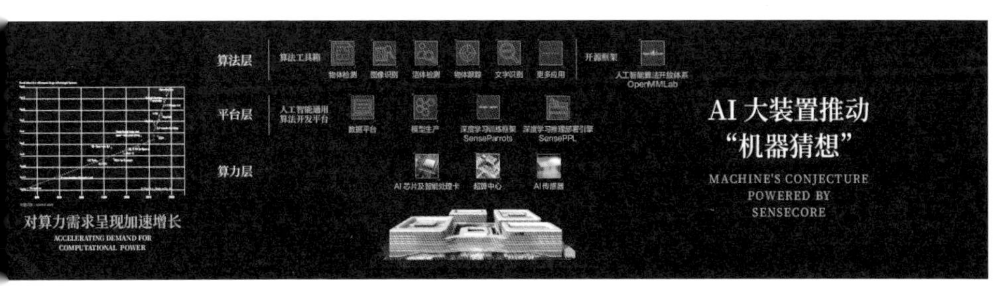

人工智能大装置是推动机器猜想的一个基础要素

所以我认为，人工智能的算力大装置是推动猜想的一个基础要素。大装置的必要性，我想类比粒子对撞机。粒子对撞机就是在一个随机的可能性当中，创造出新的粒子去探索未知的世界。

第二，由于真正的突破性技术为“猜想”而来，很多事情不可确定。因此，在真正去定义产业应用边界，或者评估其可靠度的时候，我们需要将之放到产业场景中去验证。而事实上，人类历史中有很多应用都是先有猜想和应用，而后才能给出一个合适的解释。

比如飞机，莱特兄弟发明飞机时并不明确其原理，甚至今天，我们都无法用流体力学来全面解释飞机起飞的动力。但这不妨碍飞机制造公司造出安全可靠的飞机。现今，我们耳熟能详的诸多人工智能应用当中，有一大部分都是基于这样的猜想来完成的。

我们来看几个简单的例子。自动驾驶中有一个很小的场景叫做自动泊车。经验丰富的司机经常可以总结出泊车的规律，可是这些并不能及时转化为计算机语言。在自动泊车这个应用中，计算机自动演化出了一套规律，甚至我们的科学家都没有办法来真正解释计算机倒车的逻辑，但这不妨碍自动泊车应用已经在很多场景落地了。

扩展到当下我们谈论的无人驾驶，我看到场外有诸多无人驾驶汽车，商汤绝影自动驾驶AR小巴昨天也开始运行，并且展示我们在增强现实领域的创新应用。乘客上车问的第一件事情就是这辆车在无人托管的情况下能够跑多少公里。我觉得非常欣慰。正是因为我们审慎、逐步开放应用场景，对无人驾驶这一场景的认知才得以普及到普罗大众之中。而未来，我们需要去拥抱更多场景，才有可能真正意义上探索出技术可能的边界。

另外一个更复杂的应用，是开放环境下的决策，比如说游戏。泊车这件事情还是可能有人来指导的，而游戏的空间复杂度要远高于泊车，甚至比围棋还要高。在这个场景中，其实人类很难给出一个标准答案，就比如我们谈到的智能交通应用。

通常情况下，对于交通信号灯管控的问题，人类很难给出一个完美的答案。商汤曾经在一个很小范围之内，尝试用人工智能的猜想来解决这个问题，结果可以把当地的平均等待时间节省一半（接近20分钟）。而能不能推广到更大范围，还等待我们去做更多的尝试。但仅在方向上而言，机器的猜想已经给了我们一个出乎意料的惊喜。

还有一类应用，大家可能习以为常地认为是由大数据驱动的，如上海在建设智慧城市中所做的“两网建设”，包括我们所提到的智能社区等。可是当我们真正分析这些应用的时候，会发现其实它并不是那么的“大数据”。我们更多要面对的是日常的、长尾的、低频的、刚需的应用。比如，解决高空坠落物件检测问题时，很难有丰富的数据；解决火灾、老人跌倒等情形的实时监测，这

人工智能伦理发展观

些社区关怀问题往往也是零数据、小数据的。因此机器只能通过通用技术来做出衍生和泛化，对这些场景进行可能的猜想。

也正是因为目前机器在很多情况中还不具有完整的控制和完整的迭代，商汤始终秉承着“推动更好的人工智能伦理发展”的核心理念，提出了基于可持续、以人为本、技术可控的人工智能伦理发展观。

这里我更想强调的是，我们要以发展的眼光来看待我们人工智能伦理治理。

“发展”有两点含义：

第一，我们要以发展为目标，即所有的伦理治理都是为了让人工智能更好地服务社会、更好地推动社会的发展。如果不谈目标，其实满足任何一个治理条件都会非常容易，但是单一的优化往往会使大家陷入困境。

第二，人工智能发展很快。因此，我们要用发展的眼光来平衡各种不同的治理框架，在不同的阶段选择不同的治理政策。就像李强书记所说，我们要推动“敏捷”的治理，来完成这一任务。

一个反面的例子，就是当1865年英国造出第一台汽车的时候，英国推出的“红旗法”，即规定在车前50码（约46米）需要有一个人挥舞着红旗走，所以车的速度不可能超过人。当时的英国当然做到了对汽车的完全安全可控，但英国也同样失去了汽车发展的红利机遇。

所以在今天，我想人工智能的猜想、机器的猜想，可能就是砸在牛顿头上的那颗苹果。而上海的包容、开放，是它最好的土壤，使它能够长出更多的创新成果——用人工智能的创新来推动人工智能的普惠，让人工智能影响更多的行业。

根深叶茂，共筑人工智能新生态

胡厚崑

华为公司轮值董事长

现任华为公司副董事长、轮值董事长、公司经营管理团队（EMT）成员、人力资源委员会主任、全球网络安全与用户隐私保护委员会主席。在华为战略方向制定及全球市场拓展中发挥了至关重要的作用。

上海是中国人工智能产业的高地，我很荣幸参加第四届世界人工智能大会。

昨天我花了一下午的时间，参观了展馆。一个明显的变化，就是AI的技术和应用，不像以前那样比谁更酷更炫，而是落到了各行各业，来到了我们身边。这种看似平淡无奇的变化，恰恰体现了人工智能从有形化为无形，像春雨“润物细无声”一样正在改变各行各业。

接下来，我想分享一个身边的例子，就是上海12345热线。听我在上海的同事说，这条热线的响应速度非常快，而且能回答的问题非常多。这是因为该热线系统2020年开始引入人工智能技术，用到了如自动派单、语义识别，甚至情绪感知等功能。有了这些技术加持，热线的整体服务速度加快了，过去派一张单要好几分钟的时间，现在几秒钟就完成了。2020年疫情期间，12345热线平均一个月要受理60多万件市民诉求，没有这种效率的提升，这是完全不可想象的。

除了效率提升，热线系统变得越来越智能，甚至可以主动预警风险事项。比如说寒潮来了以后哪些地方的水管会爆裂，它会做出预测，让城市管理部门做好预案，快速处理。人工智能的加持，不仅使热线的服务效率和质量提升了，更让市民感受到了城市管理的温度。

上海12345热线只是AI带来改变的一个例子。当前，AI正处于行业规模应用推广的关键时期，从天上的云变成了地上的雨，改变每个行业。要加速这一进程，我想利用这个机会提出几点建议。

第一点建议，我们认为应该汇集各方力量，大力发展以人工智能计算中心为代表的新型城市基础设施，让人工智能算力像水和电一样成为一种新的城市公共资源，让智能触手可及。

数字经济时代，AI算力将如同城市运转所需的水和电一样，成为一种新型公共资源。没有充足的AI算力，就像没有足够的水和电一样，会大大制约城市的数字化转型。改革开放初期，我们讲“要想富，先修路”。而在当下的中国，建设以人工智能计算中心为代表的新型城市基础设施，就显得尤为重要。我们要通过这样的努力，让AI算力成为一种可广泛获得、可负担得起的公共社会资源。

当前全国已经有20多个城市认识到了这个问题，并积极地开展了人工智能计算中心的规划和建设工作，华为也有幸参与其中。通过我们的实践及与多方的交流，我们有三点思考，在此分享。

首先，要合理规划。人工智能计算中心的规划应该在算力需求集中的地方进行统筹建设，而不应该漫天撒网，尤其要避免重复性建设。其次，规划工作要从大处着眼，对于架构的考虑应该以终为始，而部署和建设的工作应该从小处着手，由近及远，跟随需求变化小步快跑不断地迭代升级，这样能够让我们的投资始终发挥出最大的效率。最后，在这个过程中，政府、技术提供方和广大应用开发方要通力合作。一边建设，一边引导应用的落地，这样才能推动本地的产业升级和发展。

秉承上述原则，武汉的人工智能计算中心从2020年开始规划，于2021年5月30日投入运行。一经投用，就满负荷运行，为本地的高校、科研机构提供了充沛的AI算力，孵化了一系列人工智能应用，当前已启动扩容。用这样的方式，该中心的设备保持着满负荷运转，让投资发挥最大效力，让AI算力成为当地数字经济发展的重要推动力。

第二点建议，技术要扎到根，根深才能叶茂。

我们应该大力发展“根技术”，如处理器、AI计算框架等，增强人工智能产业的发展韧性，这点对于当前中国的人工智能产业发展尤其重要。2019年，也是在世界人工智能大会上，华为成为科技部发布的“国家新一代人工智能开放创新平台”中唯一的“基础软硬件”建设单位。过去两年我们取得了长足的进展。依托昇腾基础软硬件平台，我们初步构建了包括AI框架MindSpore在内的较完整的人工智能产业生态。这次的展览中，我也欣喜地看到，展示硬科技的公司多了，华为愿意与大家一道，形成你追我赶、奋勇争先的新局面。

第三点建议，我们应该大胆应用技术手段，改变AI应用开发模式，突破AI普惠瓶颈。

随着技术的不断发展，需求的持续涌现，当前应用开发效率成了最大的瓶颈，这严重阻碍了技术和需求的结合。现在业界AI开发高度依赖专家和数据，不仅需要花费大量时间收集和处理数据，还要消耗专家大量精力进行参数调优，很难在短时间内就达到产品化要求，我们把这种模式叫作手工作坊模式。

我们认为要用技术手段去改变这样的开发方式，提高开发效率。超大规模预训练模型这项技术，有望解决这个难题。基于预训练大模型，开发者只需要少量行业数据就可以快速开发出精度更高、泛化能力更强的AI模型。这种工业化的AI开发新模式，将极大促进AI在产业的发展。

为了支持新的开发模式，2021年华为云联合伙伴推出了盘古系列预训练大模型，包括业界首个兼具生成与理解能力的中文NLP大模型和通用视觉大模型。我们希望有更多的合作伙伴和企业能通过盘古大模型实现AI应用的快速开发，让AI普惠千行百业。

只有基础打得牢、根技术扎得深、应用跑得快，才有人工智能的繁荣发展。我们愿意与各方一起努力合作共赢，加速人工智能走向规模化的应用，共同繁荣人工智能的新生态！

开放协作，携手推进人类进化的重大变革

亨利·基辛格
(Henry A. Kissinger)

**美国著名外交家，
基辛格联合咨询公司董事长**

曾任美国总统国家安全事务助理、美国第56任国务卿、美国国防政策委员会成员。曾获得1973年诺贝尔和平奖、1977年总统自由勋章以及1986年自由勋章。目前是基辛格联合咨询公司（Kissinger Associates，Inc.）的主席，也是J. P. Morgan Chase & Co. 的国际理事会成员。

我对人工智能的兴趣来自它的概念层面，而不是它的技术层面。某种意义上，可以说是歪打正着。

在五六年前，我参加了一次讨论大西洋两岸关系的会议。会议的主题活动包括了一小时的人工智能讨论。在一年的时间里，我每周用两个晚上参加这样的讨论。这些讨论加深了我最初的直觉，即人工智能会改变人类的认知。

我们一直相信理性会逐渐推动实现更好的理解。但我们从没想过机器能够产生如此重要的成果，而你也并不真正知道什么样的过程会带来这样的结果。

现在，人工智能已经是经济的一部分了。很快，所有人的大部分工作和生活都将依赖人工智能，甚至每个人自己也不清楚用到的信息和结论来自哪里。而政府必须考虑，人工智能会在各国经济中发挥什么作用，而后者将受到前者的深远影响。

所以我们正在走向一个新世界，或者说，它已经拉开了帷幕。我相信人工智能的到来，正在很多领域留下这样的一条印迹，它会逐渐地走进我们的生活，也会被这一时代的人从历史的角度更好地理解。在西方启蒙运动时期，像康德这样的哲学家说过，我们相信的客观现实其实是我们大脑的真实结构的反映；而我们并不知道这一问题的本质。爱因斯坦和艾森伯格推动启蒙科学取得进展，但包括量子理论在内，并没有触及人工智能现在正在探索的极限，探索人类想象不到的科技发展的结果。现今，我们仅仅处于这一进程的开端，在过程中我们会有惊人的发现。这是人类进化史上一次重要的变革。

我非常欣赏中国文化。从我个人来说，我对于自己多年来参与建设的中美关系和中美两国人民的交流深感欣慰，我相信双方应该建设互利共赢的关系。我对中美一方的建议，我认为，也适用于另一方。例如，我认为当美国在发展新技术时，不应只研究它的技术影响，也应研究它的历史和政策影响。同时我也认为双方应该展开对话——中美两国领导人之间的对话。毕竟我们不可能事事达成一致，在很多问题的本质上，我们不可避免地会有分歧，但我认为要实现我所呼吁的局面，任何一方都不能谋求垄断，双方必须就设置一些限制达成一致，并且兼顾他们的安全利益、未来的商业利益和人文发展。这是我在意外了解并研究人工智能后得到的结论。

人工智能，基于历史启蒙的未来构建

沈向洋

微软公司前执行副总裁，美国国家工程院外籍院士

美国国家工程院外籍院士，英国皇家工程院外籍院士。曾任微软公司全球执行副总裁。在微软任职期间领导微软全球研究院和微软全球人工智能事业部，全面负责微软公司人工智能战略以及人工智能基础设施、服务、应用和智能助理等产品和业务。

乔舒亚·雷默
(Joshua C. Ramo)

Sornay公司董事长兼首席执行官

现任Sornay公司董事长兼首席执行官，兼任美国星巴克公司和联邦快递公司董事。曾任美国《时代》杂志外交事务编辑和资深编辑，后担任基辛格咨询公司首席执行官兼副董事长。曾是阿斯彭研究所（Aspen Institute）Crown Fellow项目学员和美国外交关系协会任期制委员。

沈向洋：关于人工智能对于历史的未来构建这一话题，我认为基辛格博士这次的演讲非常有研究价值。人工智能对人类社会进程无疑有极大的影响。

乔舒亚·雷默：我认为，首先基辛格博士是一个历史学家。他之所以能成为一名优秀的外交家，是因为他一直将他所参与和推进的活动置于一个历史大框架中进行审视，从而促成了这些活动的伟大。例如，明天（2021年7月9日）我们即将要迎来基辛格秘密访华50周年。这一事件显然在今天来看不是秘密了，但如果站在历史的视角来审视，那它确实改变了当时的世界。这就是历史趋势的重要性。正是对于这种历史大趋势的敏感，使他发现人类社会近几百年来——从启蒙时代一直到现在的发展过程就是不断发生变化的过程。所以关于人工智能，他作为一个历史学家肯定会持特别乐观的态度。但是，这种变化其实也会带来很多挑战，这就是这些历史变化给我们带来的双刃剑。

沈向洋：是的。我曾读过一篇基辛格博士的文章，其主题就是所谓的启蒙时代和启蒙时代的终结。

乔舒亚·雷默：我认为，启蒙时代的一个关键原则就是人的理性是对于真理的最终检验。这个观点最初由柏拉图提出，在之后很长一段时间只有10个人相信，譬如伽利略。在这之后，卢梭又提出了一个启蒙时代的理论，就是每个人都可以做出自己的选择。但现在发生了一个很大的变化，很多人也都意识到，人的大脑其实不是对真理检验的唯一最终标准，因为现在机器智能可能会取代它，甚至做一些人脑没有办法做的事情。这个可能会完全改变启蒙时代的一些基本性原则。

沈向洋：从技术发展趋势角度，我谈谈我对于人工智能发展的理解。我一直以来都是一个实践者。30年前，我在卡内基梅隆大学读博士开始接触人工智能。当时很长一段时间，让世界感到震惊的是下国际象棋的"深思"，后来是"深蓝"。我们知道，"深蓝"的核心是基于阿尔法-贝塔剪枝算法的。但是"AlphaGo"不一样，它使用的是机器学习，这真的让我们非常震惊。后来出现的"AlphaZero"甚至更加先进。就如同基辛格博士从历史观的角度来看待的，它们的出现颠覆了启蒙时代。

乔舒亚·雷默：所以说当我们谈到未来和未来构建的时候，我们两个人都是基于康威定律，也就是说，其实任何一个环境的组织都是由背后的技术来决定的。比如我们现在经常讲的智慧城市。我们居住的整个世界就是由技术和技术的变革所推动的。这其实也是一种进化论，历史进化论。

沈向洋：先回应康威定律，我认为这个法则非常好。当我们讲到在计算机领域中的康威定律，我们会有这样一个比方：如果4个人一起编程，那么我们会有4个步骤，再把这4个步骤联系在一起。当我们讲到治理以及如何通过治理来进行协调的问题时，我们看到上海和长三角其他地方进行的治理和协调。其实这也是在组织方面一个非常重要的准则。

当我们回到人工智能技术，在具体领域中，自然语言的翻译和理解领域取得了非常令人兴奋的进展。最近我们组织很多中美计算机科学家一起在网上开了一个会，讨论10年之后会发生什么。我们认为随身翻译最终会出现，也就是我们最终能实现耳朵里可以听到任何语言的实时翻译。你和任何一个人讨论，都可以无障碍地听懂对方的语言，包括方言。

乔舒亚·雷默：这一点我非常赞同。用基辛格博士的观点和其自身经历来解释，能够帮助我们更好地理解通过机器自然语言学习所推动的历史进步。基辛格博士出生在欧洲，后来成为了一名欧洲历史学家。他深受启蒙运动影响，也见证启蒙之后，欧洲遭遇的多场战争。这也是基辛格博士始终坚持倡导和平、避免战

争悲剧的原因。而在此之中，良好的沟通至关重要。你刚才讲到的技术，或者是技术它本身可以成为一种工具，可以让人们在语言上进行更加复杂以及无障碍的交流。我认为，这可以让我们走向一个更好的未来。

由于人工智能的发展拥有许多不同的面向。所以在未来，我们必须要明确最终发展目标，那就是构建基于合作共赢的人工智能发展环境。我们必须要建立一个开放的系统。我们所做的一切都是为了支持这一系统的稳定性，而后依靠它来解决我们历史上前所未有的重大问题。

沈向洋：我非常赞同你的观点。我们关注并期待人工智能以及更广泛科技领域的开源和国际合作。同时，我们也关心如何做才能促进社会，甚至整个人类社会的合作。这方面，我认为上海就是一个特别好的例子，在上海这样一个国际大都市中，上海市政府非常积极地运用人工智能技术，努力使这座城市成为一个更好的组织。例如，上海关注到的不仅仅是技术的感知能力、洞察能力，还有人工智能技术的温度，进而讲到城市也要有温度。我想这就是对人工智能技术一种出色的理解。

在我看来，我们作为人类历史上第一代会和人工智能共存的人类，喜欢也好，不喜欢也好，这都是无法改变的事实。你刚才讲到，我们必须要去努力思考未来是什么，我们也要清楚地知道未来是什么，这样我们才能更好地与之共事，推动各个城市、各个国家都来充分地利用这项技术，以建立一个更好的未来。

乔舒亚·雷默：确实，纵观人类历史，我认为现在是最令人兴奋的时刻——这么多的历史责任集中在如此短的一段时间内，也足以使我们对当下构建的未来充满期待。

人工智能的人才培养与交叉融合

陈　杰

同济大学校长，中国工程院院士

同济大学校长，中国工程院院士，美国电气电子工程师学会会士，国际自动控制联合会会士。现任复杂系统智能控制与决策国家重点实验室主任，中国自动化学会副理事长，中国人工智能学会副理事长，上海市人工智能战略咨询专家委员会副主任委员。主要研究方向为动态环境下复杂系统的多指标优化与智能控制、多智能体协同控制等。

林忠钦

上海交通大学校长，中国工程院院士

上海交通大学校长，中国工程院院士。曾获国家科技进步二等奖3项，获“长江学者成就奖”、何梁何利基金“科学与技术创新奖”等。系教育部“长江学者”特聘教授、国家杰出青年科学基金获得者、“973计划”首席科学家、国家自然科学基金委员会创新群体学科带头人、全国优秀科技工作者。

许宁生

时任复旦大学校长，中国科学院院士

时任复旦大学校长，教授、博士研究生导师，中国科学院院士，发展中国家科学院院士。研究兴趣包括纳米科技、新型半导体材料、微纳电子学与光电子学等。任国家重点研发计划“纳米科技”重点专项总体专家组组长，国家最高科学技术奖评审委员会委员，第八届国务院学位委员会委员，环太平洋大学联盟（APRU）指导委员会委员。

包信和

中国科学技术大学校长，中国科学院院士

中国科学技术大学校长，中国科学院院士，发展中国家科学院院士和英国皇家化学会荣誉会士。主要从事能源高效转化相关的表面科学和催化化学基础研究，以及新型催化过程和新催化剂研制和开发工作。

段崇智 (Rocky S. Tuan)

香港中文大学校长

生物医学科学家，美国国家发明家科学院院士，中国发明协会首届会士，美国解剖学家协会会士，美国医学与生物工程院院士，香港中文大学校长、利国伟利易海伦组织工程学及再生医学教授，匹兹堡大学骨科手术杰出教授。专注于肌肉骨骼生物学及组织再生研究，成果涵盖基础科学、工程学、转化及临床应用。

蓝钦扬
(Lam Khin Yong)

新加坡南洋理工大学副校长

新加坡工程院院士，新加坡南洋理工大学高级副校长。

主持人：

陈　杰　同济大学校长，中国工程院院士

讨论嘉宾：

林忠钦　上海交通大学校长，中国工程院院士

许宁生　时任复旦大学校长，中国科学院院士

包信和　中国科学技术大学校长，中国科学院院士

视频分享嘉宾：

段崇智（Rocky S. Tuan）　香港中文大学校长

蓝钦扬（Lam Khin Yong）　新加坡南洋理工大学副校长

人工智能的人才培养

陈杰：人才是人工智能发展的基础，大学是人才培养的重要基地。大学校长们在创新人才培养方面的远见卓识，是人工智能取得长足进步的关键支撑。

段崇智：2018年我代表香港中文大学出席了世界人工智能大会，同时与各位校长共同发起成立全球高校人工智能学术联盟。本届大会的科学前沿全体会议以“人工智能与科学未来”为主题，让我们有机会再次交流AI创新人才培养的经验。人工智能是国家“十四五”规划中提出的科技前沿领域，是近年发展迅速的学科，也是全球科技发展的大趋势。各地积极开发人工智能及相关的创新科技，专才需求殷切。

香港中文大学近年不遗余力推动人工智能科研和人才培养。2018年，我们洞悉社会的需要，推出全香港首个“人工智能系统与科技工程学士课程”，让学生获悉构建人工智能系统，并从大量资讯中分析和推断知识的能力。通过全方位培训，培育学生成为优秀的人工智能专才。除了课堂学习，课程还包括工作实习和海外交流，学生能亲身体验业内实际的工作情况，也能从事人工智能相关的学术研究，学习科研技巧，同时培养国际视野。我们还积极鼓励学生参与课外科技比赛，实践所学，一展身手。我们港中大的学生就曾参与第43届国际城市设计比赛世界总决赛，与全球超过3 000所大学和其他高等院校同台竞技，并突围而出，获得铜牌。

人才培养需要领军人物带头前行。港中大的汤晓鸥教授团队在香港最早应用深度学习与计算机视觉技术。他在2014年创立商汤科技集团，成功研发出准确度居全球之冠的自动人脸识别系统，影响力遍及全球。港中大其他的杰出学者还包括和汤教授同样入选2020年度“人工智能全球2 000位最具有影响力学者”榜单的金国庆教授、吕荣聪教授等。

2021年1月，我校与上海人工智能实验室达成合作协议，围绕国家与粤港澳大湾区发展的重大需求，共同打造国际一流的科创新平台，在港中大成立人工智能交叉学科研究所。其中一个重点就是共同建设新型人才联合培养模式，在人工智能领域营造有利于青年学生的科研和实践环境，探索全方位多维度的培养模式。

我们将设立学生实习实践基地，遴选优秀学生在研究所开展实习实践工作。港中大将与上海人工智能实验室合作指导。

香港中文大学将继续结合国际化教育团队和科研优势，推动技术创新与突破，致力为国家培育高层次科研人才，加强产、学、研等方面的交流、共融与合作。最后，感谢2021世界人工智能大会让我们互相交流，各展所长。我期待未来与各位建立更紧密的合作关系，共同推动人工智能创科发展！

蓝钦扬：上海世界人工智能大会于2018年首次举办，今年迎来第四届。我很高兴看到大会讨论的重要主题之一是“人工智能教育和人才培养”，这的确是非常重要的话题。

随着数字化的发展，要跟上日新月异的全球格局，在人工智能、计算机科学与工程及数字科学方面对于重点人才的培训至关重要。许多大学已将人工智能和数据科学融入了学科教育和本科学位课程中，南洋理工大学也不例外。学校自2018年开始提供数据科学与人工智能的本科学位课程，我很高兴我校的这一课程在福布斯网站2021年度“十大最佳人工智能与数据科学本科课程”中排名第三。

值得注意的是，我们的人工智能教育旨在为科学和技术、金融和商业、环境和可持续发展多个层面提供解决现实问题的相关知识技能，这对于为经济发展提供经过专业训练的人才来说非常关键。然而我们也注意到，社会对于计算机科学、人工智能和数据科学等专业的本科毕业生的招聘竞争激烈，这使得我们招录博士项目的顶尖人才越来越难，我觉得这也是可以在论坛中进一步

探讨的话题。

陈杰：从创新人才培养数量和质量来说，我国人工智能创新人才存量上总体不足，其中顶尖人才、一流人才等高端人才更显缺乏。人工智能的人才培养涉及学科多，例如数学、控制、计算机、统计学、软件工程、神经科学等，按照我国人工智能人才需求特点，从理论、方法、工具、系统等四个方面，结合不同学校学科实力，科学制定具有不同特点的交叉培养方案，对人工智能相关领域复合型创新人才的培养具有非常重要的意义。另外，人工智能人才的培养需要向两头延伸，注重中小学人工智能基础、注重大学的多学科交叉和硕士博士生的创新能力，确保创新人才

培养质量。

另一方面，人工智能的发展对于高等教育的人才培养的创新也将起到助推作用。当前多学科交叉协同发展趋势明显，而人工智能是多学科交叉协同的重要抓手。相关技术可以推动形成新的高层次、跨学科、创新性、复合型等人才需求。人工智能的方法和技术会影响人才培养活动的全过程，新的人工智能知识服务平台、科学研究支撑平台、教育学平台、评价反馈系统等在高等教育领域的使用，将有效推动高等教育的学科变革。

人工智能创新的人才结构

陈杰：现在人工智能非常热门，人工智能创新需要什么样的人才结构？在这个人才结构形成过程中高等学校应扮演什么样的角色？今后的学校在这方面努力的方向是什么？请校长们与大家分享真知灼见。

许宁生：总体而言，高等教育机构，特别是高校对于人工智能的人才培养实际上已经不是一个新话题了。有不少学校已经开展了一些工作，包括早期的卡内基梅隆大学等。在这一波浪潮里，中国高校也从很早就开展了很多布局，像复旦大学在2017年就已经进行了一系列安排。

我认为人工智能有一个动态快速发展的结构，并且发展并不容易预判。我们必须非常清醒地认识到动态发展结构的特点跟其

他学科不太一样，具有纵向以及横向不同的发展脉络。它的需求实际上包括急需的，也有长远的，以及一些中期的目标要求。对此，现在大家都有共识，它是一个增长极，是非常有潜力的教育领域。

另外，它不是单纯由计算机能够承担的一个领域，实际上是各个领域都需要各类人才。对于人工智能领域的人才培养，像复旦这样的综合性大学责无旁贷。从纵向、横向的角度来讲，大学都要有足够的担当。值得一提的是，我国的一个优势就是政府有规划，并且规划是在网络上公示公开的。人才培养实际上应该要与规划、世界发展、前沿发展等多方面结合推进。以上是我想分享的第一个核心，即关于动态发展的形势。

林忠钦：关于人才结构，我认为我们在人工智能领域面临这样一个局面：需要从事基础研究、技术研究、应用场景研究和应用推广的各类人才。我认为大学主要具备前三类人才：在基础研究方面，主要具备跟数学相关的人才，尤其是应用数学相关的；在技术研究方面，则包括计算机和数学专业的人才，这里的数学主要是指数学方法；在应用场景研究方面，则与很多领域都密切相关。其中，我更加关注的是人工智能在医疗领域的应用。这个领域非常值得关注，因为这里面有一定的难度，也有更多的价值。另一方面是在工业领域，如果我们国家工业要发展得更快，当下就是很好的时机。因为在人工智能的赋能下，产业可以获得更大幅度跨越式的发展，这也是今后我们努力的方向。

包信和：首先，我想谈谈社会需要什么样的人工智能人才。

第一，现在社会需要有伦理道德观和比较强的社会责任感的学生。这是非常重要的，关乎社会治理。第二，学生要有非常扎实的基础知识。因为学校是培养人才的，扎实的基础知识对人工智能来讲很重要，包括数学、物理，以及计算机等基础知识。第三，学生要有比较好的交叉学科的相关知识。刚才林校长讲不同的应用场景，在学校培养人才的过程中，这些应用场景也要让学生有一些体会。第四，学生要能够比较好地了解这个行业的前沿，包括产业的需求，这种复合人才可能是学校关于人才培养的目标。

其次，我想谈谈学校到底如何来做这件事。

在这方面复旦、交大他们都有很多的经验，我们中科大也是在做努力。首先，学校还是要按照习近平总书记的要求，落实德智体美劳全面发展的理念，肯定不是培养单一方面的人才。其次，学校要有学生学习基础知识的文化环境。这个很重要，因为适合学生发展的学校文化和环境将为其打好专业级基础。再次，学校能够有交叉融合的平台。也就是说学校不是专科学校，而是像许校长讲的综合性大学，它在工程、医学以及人文等各个方面全面覆盖，能够让学生有机会接触到一个涵盖全学科领域的平台。最后，学校要创造机会，让学生能够与产业界有良好的交流与结合。

人工智能的交叉融合

陈杰：多学科交叉融合是人工智能具备的重要特征，赋能作用是人工智能的重要价值体现。大学校长关于人工智能的专业在

多学科交叉和赋能应用上的布局与规划，是打造具有本校特色的人工智能学科的关键因素。

林忠钦：人工智能的学科特点一个是交叉，一个是赋能。其实现在人工智能在大学里很热，有很多优秀的学生在报考我们学校时都首选人工智能专业，这对我们学校来说带来了一个挑战，就是如何把他们培养得更优秀。我们学校人工智能的专业特点主要是加强数学和计算机这两个学科的交叉融合，其中数学方面的课程比例更大，这能使学生打下良好基础。

然而，有很多学生并不适合做单一的人工智能方向研究，所以我们希望更多的专业在未来的发展方向上能体现出智能的特色。

比如，我们学校的船舶专业、船海工程专业。过去，这些专业是以力学为基础的，随着技术的发展，现在船舶工程专业出现的一个大方向的变化就是转向智能化。因此我希望我们船舶工程专业课程体系里面也要加入一些智能的元素，这样也使我们这个专业的学生能在力学的基础上增加信息化、智能化的知识。

最近我们上海交大响应国家要求，推出一系列人才培养计划，主要目标是培养能够适应未来经济社会发展和科技发展的人才。我举一个例子和大家分享。我们和国家电力投资集团合作建立了智慧能源学院。过去大家主要重视能源的生产，如发电，其实未来还需要关注能源的使用。像国电投这样的企业，它就关注如何提升能源到千家万户的效率，如何让用户用得好、更省钱等问题，在这方面来讲是一个新的境界。特别是考虑到在“碳中和”“碳达峰”的背景下，今后能源生产方面也需要在整个社会体系中进行考量。为此我们新组建的学院，可以说是产教融合的成果，这对于社会的发展具有更大、更积极的意义，也是未来人才需要的一个方面。

许宁生：复旦作为一个具体例子来讲，我们有几个做法。第一，学校在重大领域中布局脑与类脑智能研究。作为一个重点领域，脑与类脑智能研究是我们从2017年就开始在张江建设的。这个领域是很交叉的，需要将复旦原来非常强的脑科学（尤其是脑疾病的治疗），与后来发展的影像和以数学为基础的计算等学科融合在一起。

第二，借助世界人工智能大会等机会，我们聚集了一批国际顶尖的人才，包括今天在座的迈克尔·莱维特教授也在张江复旦国际创新中心建立了实验室，当然还有一批其他的科学家。通过这些方式，学校能发挥已有的基础，并吸引全球科学家来共同培养高层次人才。同时，我们也在进一步扩大这方面的探索。未来，复旦会在青浦开展“新工科”的创新教育，准备要建立创新学院，包括计算与智能的创新学院。创新学院将与产业紧密结合，以满足现在产学研结合的需求。

第三，我们在学校里已经设立了智能与技术本科专业和人工智能专业，我们五年前就建立了大数据学院，进一步强化了大数据以及计算机等学科的建设以及人才的培养。我们还适应各个学科的需求，在全校开展本科融合创新的教育。我们这样设计的原因是很多学科，包括哲学，都在讨论人才的需求。例如刚才包校长讲到的伦理教育方面的问题，又如我们管理学院也自发提出要培养管理人工智能企业的人才，很多学科已经是自觉有这个需求。

关于人工智能的交叉融合，在这里我还是要特别提一下脑与类脑智能的研究。复旦特别重视这一领域实际上这也是有历史原因的，复旦在脑科学方面的研究实际上很早就开始了。在几年前全球特别重视脑科学研究的时候，我们把脑科学的研究和类脑智能结合在一起，这是我们重点建设的一个领域。我们发挥原来在神经科学方面的优势，具体实际是落在生命科学与医学，发挥我们在脑疾病治疗方面的优势，现在复旦也有附属医院承担了国家级医学中心的重任。这个领域特别需要数学，所以我们后来把数学的优势引入这样一个领域。我们的重点研究领域主要是人脑、人脑的智能，在关于人脑智能的研究中我们发现建构神经网络是一个很大的问题。所以我们把影像与计算、神经网络的构建融合，同时也把原来神经科学里面已有的神经编码相关工作融合在一起，如此逐步把脑科学和类脑智能结合在一起，近期也会有相关成果发布。

类脑智能是人工智能非常前沿的领域，现在国家也已经启动了“科技创新2030”的计划，复旦团队也在其中发挥了很大的作用。上海市对这方面的工作很重视，在三五年以前就已经将其写进了政府的工作报告，启动了第一项相关市级重大专项，后来又启动了人工智能专项，复旦均有所参与。

我们现在最主要的设想就是“ABC”的概念，其中“A”代表“Artificial Intelligent-Brain”即人工智能脑，“B”代表“Bio-

Brain”即生物脑。人脑其实是一个社会的脑，所以我们不只研究单个脑，还研究群体的脑，也就是所谓的“C”，即“Collective-Brain”，希望在未来能够服务社会有所赋能。在上海市政府的关心下，我们作为牵头单位与上海其他部门一起创立了上海类脑智能研究院，还成立了上海的算法研究院，这些架构与这些项目会形成互动。这方面我想它还会继续发展，还会非常有利于前沿的发展。

当然我们也注意到应用的需求以及现在对人工智能赋能经济社会产业的需求，所以我们在最近一年多以来，与包括华为在内的企业进行了深度的合作，这方面也有不少成果。这些都具有很好的前景，也会对促进经济社会的发展发挥越来越大的作用。当然最核心的还是要培养未来的人才，而且是未来的顶尖人才。作为大学不能只盯着现有的需求，我们实际上一定要为未来打下基础。

包信和：每一个学校肯定都有它自己的特色，然而我个人不是非常赞成学生一进入学校就选择人工智能专业。我们中科大这几年在人工智能、大数据领域确实有一些杰出校友，但是培养他们的时候中科大并没有人工智能这样的一个专业，最后他们还是做出了一些成绩，所以我在想学生培养可能还是要从打基础开始。

我们学校培养人才有一个理念，叫“基础宽厚实，专业精新活”，强调的就是基础。在中科大，像人工智能包括计算机专业学生学的数学，基本上就是数学系的数学，物理也基本上是物理系的物理，那么他们出来以后就能适应各种需求。因为学生现在学

习的人工智能，同5年后的情况肯定也是不一样的。我刚刚在会场遇到了两个校友，相里斌部长和汤晓鸥教授。我说我马上要来参加这个论坛，你们有什么体会可以与我分享下。他们两个跟我提到，关键的一个体会就是在中科大打下的基础特别深，特别是数学、物理和计算机。所以我想不能因为人工智能现在是热门，学生们就都扎堆去学人工智能，可能还是要鼓励学生认认真真把数学、物理、计算机的基础能打好。

我也非常赞成交叉融合，尤其是和一些应用场景的融合，人工智能假如没有好的场景，专门学理论的知识肯定也是不够的。中科大这几年也是与相关单位开展合作。目前我们有两个国家工程中心，一个是类脑智能与应用的国家工程中心，另一个是语音和语言信息处理的国家工程中心。这两个工程中心就是我们的应用场景。中科大这几年也是跟微软亚洲、阿里巴巴一起建设了国际工程实践教育中心，给予学生很多的实践机会。

所以总体而言，我还是比较赞成学生在大学里要打牢基础。学生可以将人工智能看作一个学习的方向和目标，但是前提是一定要将前期基础打扎实。

在创业方面，这些年有许多中科大毕业的学生都获得了非常瞩目的创业成绩。有人问我诀窍是什么，但不是我有诀窍，因为这些人实际上也是毕业多年了，那个时候我还没有做校长，但这个现象肯定说明是中科大培养的人才比较优秀。我们也做了一些调研，得到的结论是大学里面关键还是要打牢基础，就是使学生能够掌握一些学习的方法，知道如何学习、如何来做事情，这是非常重要的。

同时传统积淀也非常关键，尤其是人工智能的三个基础，一个是数学，一个是物理，还有计算机。我们中科大在1958年建校初期就开设了数学系，当时的华罗庚先生和吴文俊先生他们都在中科大教数学，而且半年以后就建立了统计学的专业。统计学对计算机领域非常重要。1958年，在国内基本上没有计算机专业的情况下，我们中科大就建立了计算机专业。当时夏培肃先生就在中科大任计算机系主任，他在1960年就设计制造了国内第一台自主设计的计算机——“107”机。机器就安装在中科大，中科大学生就有机会接触到计算机。基于这样的传统，中科大，无论是什么专业，对计算机、数学、物理的要求都非常高。所以我想，学校培养人才一定要注意其适应性，不应只是为了什么具体目的培养人才。学生保有适应性，毕业以后就可以很好地适应社会需求。

我们与其他几位校友交流后发现，他们都提到好像刚刚改革开放时有一个说法，“不要命的上科大”，意思是中科大的课程体系特别紧凑，很多学生最后毕业非常困难。但经过这种训练以后，这些学生感到受益匪浅，其中很多人后面从事计算机、大数据行业。而且我们学校原来是没有医学专业的，但是很多学生后面就从事了医学，成为医学的教授。所以我还是认为学校里面要注重学生的基础，在基础扎实的情况之下，学生的适应能力就会很强。

陈杰：我们可以看到，各所高校都在瞄准世界科技前沿，不断提高国家在人工智能领域科技创新、人才培养和国际合作交流等能力，为我国新一代人工智能发展提供战略支撑方面起到关键性作用。

作为国家“双一流”建设高校，同济大学积极争做我国人工智能相关研究的先行者与实践者。从2000年初开始，同济大学就依托优势与特色学科平台逐步开始平台布局与队伍建设，推动学校人工智能创新。经过近20年的积累与磨砺，于2018年12月在教育部和上海市支持下成立了上海自主智能无人系统科学中心，并汇聚了一支由院士、“长江学者”、“杰青”等组成的国际化研究队伍，培养了一批智能传感与信息融合、智能认知与智能计算、自主决策与优化控制等前沿方向的学术骨干和中青年后备人才。先后承担了人工智能及相关领域多项国家自然科学基金委国家重大研究计划项目与科技部重大科技项目。

同时，我们非常强调人工智能学科对传统学科的赋能和提升内涵作用，针对我国人工智能在智能城市、智能制造、智能医疗、智能农业等方向的技术需求和人才培养，同济大学建立了多学科交叉大平台，实行双导师制和导师组制，强调学科交叉的文化环境和研究氛围，提升人工智能学科赋能传统学科的效果。例如，2014年建设了国内首个“工业4.0－智能工厂实验室”，自主研制了世界首套具有网络智能功能的i5数控系统；2016年联合上海国际汽车城和上汽集团建设了中国首个“智能网联汽车测评基地”；2017年建立了全球首个IS3智慧基础设施联盟，拥有工信部授权的第一个国家智能网联汽车试点示范区。

此外，同济大学在人工智能领域的多项研究成果已成功实现产业应用，产生了显著的社会效益和经济效益。依托长三角城市群智能规划协同创新中心建设了国内首个3 000个城市联网大数据平台；无人驾驶控制技术在荣威E50纯电动汽车上已经实现全线控自动驾驶，自主研发了国内首个智能交通系统（ITS）、全国首个智能快速路视频分析平台和首套拥有自主知识产权的城市轨道交通CBTC系统装备；开发了面向特定场景应用的无人驾驶清扫车；自主研发了首套适合我国国情的低成本、高可靠性温室自动控制系统。

校长寄语：对有志于投身人工智能创新浪潮的年轻人

陈杰：人工智能研究的本质要求是必须跨越学科的界限，在学科交叉与融合中实现进一步的突破。年轻人要敢于打破学科之间的壁垒，用更宽广的视角开创人工智能新浪潮。

林忠钦：现在人工智能很热，也有很多的应用场景，我个人更加希望把人工智能应用于更重要的领域，包括我刚才讲的两个领域：一个是人民健康，在卫生体系里面；一个是我们国家的工业体系。我认为这两个领域是更加需要人们去努力的方向。

许宁生：核心还是要突出自愿加入，而不要被卷入。

包信和：人工智能肯定是面向未来的技术，最终还是希望我们年轻人在研究人工智能的时候，要注重使人工智能服务于人类、服务于社会的发展。也就是说，在研究过程当中，除了技术研究以外，一定要保有社会责任和家国情怀。

WAIC

AI赋能城市

数据驱动的城市变革洞察

维克托·迈尔-舍恩伯格
(Viktor Mayer-Schönberger)

“大数据之父”，牛津大学网络学院互联网治理与监管专业教授

现任牛津大学网络学院互联网治理与监管专业教授，曾任哈佛大学肯尼迪学院国家公共政策专业副教授。主要研究方向是信息对网络经济的影响。著有《大数据时代》《与大数据同行》《删除》等。已发表百余篇经济与信息治理相关的文章。

今天我要介绍两项关于数据驱动的城市变革洞察。

在介绍之前，先回顾一下全球的城市化趋势。截至2020年，全球有半数以上人口居住在城市或城镇区域，这是人类发展史上一座重要的里程碑。人类最早是以狩猎和采集果实为生的，随后大约在一万年前我们祖先开始定居，并且过上了农耕生活。数千年来大多数人生活在农村，城市相隔遥远且数量有限。随着工业化推动城镇化的发展，人们开始迁徙到城市居住。在城市中居民希望能够找到工作和发展的机遇，但是对很多人来说居住在城市中不仅艰辛而且寿命短暂。直到20世纪，城市居民的预期寿命才开始超过农村居民。越来越多的人选择到城市生活，从而加速了城市的发展。

但人口的增多也为城市带来了巨大的压力。居民不仅希望城市宜居，同时也希望城市有良好的管理和治理体系，城市居民的这一愿景正是智慧城市建设的理念。城市管理者的决策要基于城市日常生活中不断发展的真实情况。此前，收集城市生活相关数据可谓极其困难，分析这些数据并从中总结出可付诸实践的经验也同样困难。但是，现在这一切发生了变化。

得益于数字技术的进步，我们现在可以使用大量廉价传感器和数字设备采集城市生活数据和信息，从智能手机到耳机，从汽车到行车记录仪，从无人机到智能电表，不一而足。这些设备每天都在采集海量丰富多样的数据。通过汇总和分析收集的相关数据，城市管理者的决策将远胜于过去基于经验分析的决策。

由此，首个洞察来自我们在建设和维护智慧城市时所遇到的一项重要挑战。

智慧城市的核心不在于某一项具体技术或数据基础设施，而在于如何根据丰富的数据做出更好的决策。它需要的远不止技术上的进步，更需要组织和机制上的创新。举例来说，谷歌公司曾试图把它最新的智慧城市理念应用到加拿大多伦多，在投入了多年的精力和大量资金以后却以惨败而告终。参与这一项目的各方都各怀野心，谷歌公司想要展示它的先进技术应用经验，这些经验可以扩展到城市的数据基础设施中，而多伦多市政府希望启动一个一流的城市创新计划。但最终由于参与各方争议不断，无法达成足够的共识，无法合作制定出双方满意并且为之努力的目标，导致该智慧城市建设项目失败。

这次失败对我们可以说是醍醐灌顶，也让我们认识到，智慧城市的建设要想成功，需要的不仅仅是优秀的理念和适合的技术。

即使一座城市拥有数据基础设施，但是如果数据不能够驱动决策、参与方普遍犹豫不决且互不信任的话，那么城市智慧化的目标就无法达成。想要成功，我们需要管理好人员参与流程，尽可能让相关人员尽早参与，并且让他们参与到整个过程，以便智慧城市的概念得到公众的信任。也只有这样，才能够保障智慧城市的社会可持续性。

此外，城市的数字化发展还有一大难题。虽然现在全球人口中有一半以上居住在城镇区域，但更多的人是住在人口不足50万的小城市中。小城市发展速度慢于大城市，但数量却远超大城市，而且居住在小城市的居民会更多。这也意味着智慧城市的概念不能只适用于大城市或一线城市。智慧城市要真正产生影响，必须而且尤其要适用于小城市。但由于小城市资源有限、执行经验少，这也成为一个挑战。我们需要一批有意愿的小城市管理者基于事实做决策，而不是基于政治妥协或根深蒂固的直觉。目前，困惑专家和决策者的问题，不是哪种技术能够帮助小城市发展为成功的智慧城市，而是有哪些组织和体制上的创新是必要的，以及什么才是最佳的执行方案。

第二个关于城市变革的前沿洞察，是我们到底需要哪些数据才能够使得智慧城市的概念行之有效，同时怎样妥善使用间接的方法收集这些数据。

以公共交通为例，在一个成功的智慧城市中，决策者需要知道居民使用各条轨道交通和公交车线路的频次和时间，但是在城市当中这样的数据其实是难以获得的。人们可能会留下一些数据线索，比如何时进入地铁站或何时出站，但是却不会留下其具体乘坐线路的数据。同样，人们从轨道交通转到公共交通时，数据就会丢失产生盲区，进而导致不良决策。所以如果没有直接数据，我们就需要找到适当的替代数据，以间接方式来收集数据，并且基于这些替代数据进行分析推论。

我们可以来看一个真实的例子。地铁轨道和火车轨道一样，在使用一段时间后就会变得高低不平，需要重新平整，但是要找到最需要重新平整的轨道点非常困难。通常做法是需要一辆装载专用磁场感应仪的车辆在夜间缓缓驶过，通过感应磁场来反应高度的变化。对此，欧洲一家公共交通企业的工程师，发现普通智能手机中的振动传感器所收集的数据，在经过复杂图形分析之后，就可以当作替代数据来使用。于是他们编写了一款免费的智能手机游戏软件，在游戏的后台收集振动数据和位置数据，鼓励乘客在乘坐地铁时来玩这款游戏。这个方法很有效，因为他们不再需要使用昂贵、费时的磁场感应方式了。这就是一个间接数据复杂应用的前沿应用。要找到可能为城市所用的间接数据，这一点通常不太需要特别新颖的技术，而是更加依靠创新理念和突破性的思考，因此实际来看具有较高的执行难度。

今天介绍了两项关于数据驱动城市变革的前沿洞察。我解释了数据驱动的智慧城市发展，在很大程度上取决于发现和使用间接数据；成功的城市数字化转型，并不是依赖于传统的技术手段，而是更多地依赖于创新思考；我还介绍了多伦多市政府和谷歌公司在智慧城市合作上的一个失败案例，从中强调了组织和体制创新的重要性。

随着全球各地智慧城市项目的开展，人们更充分地理解城市在智慧化过程中所面临的真正挑战，可以说所依赖的硬件和软件在减少，但需要的组织和创意在增多。最后值得强调的是，在全球城市发展中，我们需要重视发展智慧城市的理念，使其不再局限于数据基础设施这样狭义的理解中。也只有这样，建设智慧城市的目标才能获得成功。

数字家园：数字之都的美好图景

庄　斌

晶众地图董事长兼总裁

毕业于同济大学交通运输学院，主修交通信息工程及控制专业。从事智慧城市、智能交通、智能网联和信息化平台建设相关的研发和管理工作，是国内智慧城市及其产业化的顾问专家，推动了由住房和城乡建设部牵头编写的《城市综合交通调查技术导则》和相关标准的起草工作。曾多次参与国际合作示范项目和国家重大科研课题，拥有授权发明专利3项，发表学术论文9篇。

郑小星

傅利叶智能集团联合创始人、首席运营官

傅利叶智能集团联合创始人、首席运营官，负责战略和中台。具有16年全球创新经验，曾任全球科创平台VP，主持建立了以色列、芬兰、俄罗斯首家中国加速器，服务“世界五百强”企业和中国政府，培育海外科创企业100多家，总估值10亿美元。聚焦人工智能在交通、医疗、环保产业的运用。以色列智慧港口风险投资战略顾问，以色列亚洲中心领导力导师，在中东和欧洲策划过部委级访问和跨国慈善行动。

冯立男

云拿科技创始人、首席执行官

2017年创立云拿科技。拥有加州大学博士学位，曾从事计算机视觉、图像处理、机器学习及人工智能等领域的研究。在包括*IEEE PAMI*、STISP、*Pattern Recognition*在内的期刊和会议上发表论文数十篇。2019年入选《财富》杂志“中国40位40岁以下的商界精英”榜单。

戴文渊

第四范式创始人、首席执行官

人工智能全球顶尖学者，在全球首次提出迁移学习基本理论框架及算法方向，在迁移学习领域学术影响力世界第三，计算机编程界“奥林匹克”大赛ACM-ICPC的世界冠军。曾入选《麻省理工科技评论》“中国区35岁以下科技创新35人”、《财富》杂志“中国40位40岁以下的商界精英”榜单。

数字家园中的交通和出行——庄斌

我们很多人都会面对停车难、排队、“路怒”的问题，我们每个人都想用最便利、最高性价比的方式出行。这是每个人对美好生活的共同期待，也是我们企业和政府一起良性协同、有效共振要去着力解决的问题。以“停车难”问题为例，这个问题在各大城市都非常突出。我们认为这归根到底其实是供需不匹配、信息不对称、信息不共享的问题。我们正在尝试使用高精度地图来破解这个难题。高精度电子地图是解决衣食住行中“行”板块的重要技术手段，也是未来数字底座重要的基础支撑。它解决了在数字底座中出行行业的资产数字化问题，相当于为整体的交通出行构建了一个高精度地图的数字底座。更加具象地说，目标是做成一张精度比导航地图更高的地图，能满足从高速公路到家门口停车的各类智慧出行需求。

一方面，城市中停车位可分为“配件、公共、路侧”等三大类，这是供给侧。另一方面，需要了解在某个时间段有多少人要停到停车位。一个好产品必须要解决老百姓的刚需。停车作为一项城市刚需，值得我们探索。第一个刚需方向是开车人到达目的地之前知道一定有个车位在那里，最好是免费或收费比较低的，能预约好后到那边快速找到车位，即车位预约。第二个刚需方向是为停车场运营方服务。上海市这么多停车位，有时候仍会找不到车位，只是因为它们和需求在时间上错配了。运营方需要一个公众共享平台把信息共享，这样开车人就可以知道哪里停满进不去，可能停到边上还能打折。我们所做的共享停车的服务平台，是利用我们的高精度停车场数据打通C端和B端之间信息共享、信息互通，形成资源最大化利用的平台。

数字家园中的康复服务——郑小星

谈到数字家园，我们第一时间会想到衣食住行。而我们关注的是这个中间的主体——人的问题。整个医疗领域，分成预防、治疗和康复三块。康复是其中很大一块，有足够的发展空间。但现在因为医保还不能全覆盖，所以大家关注度还不高。实际上，全世界15%的人口都需要医疗康复服务，其中就包括中国的2.5亿老人和8 500万残疾人。而目前所有需要康复服务的人群，只有10%获得了康复服务。这意味着，另外90%本来可以下床走路的人还只能在床上生活；本来认知退化过程可能慢一点的，却没得到延迟。我们想做的事就是挖掘出为什么会发生这种情况，并且解决它。

康复患者最需要的是什么？是治疗师的服务。据统计，当前中国每10万人只有0.4位治疗师，而海外这个数字是中国的10倍，仅仅因为这一个短缺，就有90%的人没有得到康复服务。而我们要做的是用康复机器人取代治疗师，把他们从繁重、重复性劳动中解放出来。1个治疗师用5～10个机器人服务5～10倍的患者。现在我们已经把中国机器人送到全球的20个国家。在中国，从“大三甲”到内蒙古的偏远乡镇，都有智能康复机器人的身影。在未来，我们将借助上海人工智能的“头雁效应”，让医疗康复从“大三甲”，到老人、残疾人身边，从而提高他们综合的生活质量。

我们机器人行业有两个特点。第一个特点是需要上下游的支持非常多，像电机、减速器、传感器都依赖上下游厂商。如果想把这个成本做得足够低，在国际市场有足够竞争力，就需要上下游非常强的配合。第二个特点是，机器人行业需要大量工程师人才。在上海，不管是硬件、软件、算法方面都能找到非常优秀的工程师，这使我们在很早的时候就有一支完备的队伍，这支队伍一直跟到现在。而且在我们发展过程中，政府给了我们非常多的支持，这对我们也非常重要。另外，目前这个行业供需虽然很不平衡，并且还受多种条件的制约和各种因素的影响，没有办法完全靠纯商业方式进行调节，但在上海，我们确实收获了理想的发展，我们和上海头部水平的医院以及许多社区都有深入合作，这是各种因素共同促成的。

习总书记说"人人享有康复服务"，上海的"数字家园"提到"数字家园，人人与共"。这都和我们行业非常契合。对我们来说患者是主人，我们要解决的恰巧是让每个患者更有尊严地生活的问题。这是我关于我们行业的分享，告诉大家我们在解决"家园"中什么问题。因此接下来，我想讲的是"有"和"更好地有"是两件事。

在有了机器人以后，更多人可以获得康复服务，而智能化的机器人，加上 VR、物联网、人工智能、大数据，可以把康复变成患者更容易接受、更容易坚持下去的事情。比如在医院使用的患者手持上肢康复仪器，康复过程中，患者不是在单调地重复运动，而是在玩乒乓球。而在以前，同样的康复过程，可能是要拿出一个碗倒一堆豆子后再拿筷子一个个夹出来，或者是两三个治疗师扶着你让你重新学会走路。但现在是在玩游戏，甚至跟其他的患者对打乒乓球，或者和千里之外的患者对打网球，在屏幕上做一道菜，等等。这样极大地增强了趣味性，能让患者非常容易坚持下去。

同时，在这个过程中可记录非常多的数据，如手或腿运动的速度、力度、轨迹等。这些数据不仅仅是赋能患者，让他们得以有定制化方案，更重要的是可以赋能整个行业，让经营者和医院能够有完整的知识图谱，更好地做患者管理，实现重塑行业结构。

智能康复机器人不仅可以让患者有更好的康复体验，还可以解决治疗师短缺的问题。哪怕你在一个非常偏远的地区，一个治疗师也没有，三甲医院治疗师也可以通过5G，以几乎无延迟的方式让远在千里之外的患者得到“大三甲”的服务。借助中国巨大的市场需求和有推动能力的政府，我们把海外一直在研发却非常难以商业化、市场化、产业化的技术，在中国以最高效率研发生产出来并推向市场，最后推回国外市场。目前我们已经在这个方向上实现了阶段性目标。

在未来，我们还会进一步加强人工智能方面的研发。基于此，后续我们希望解决的问题不仅是康复的问题，还要使无法康复的残疾人、截瘫患者也能站起来。能站起来，能够平视前方，可以下楼，如果他们都能依靠数字技术的帮助做到这些，我想这就是最终我们所说的“数字家园”吧。

数字家园中的零售创新——冯立男

智慧零售的核心技术跟自动驾驶技术非常类似，通过在线下的零售门店里部署一些非常智能化的传感器和设备，可捕捉到大量关于人、货、消费者、门店工作人员的数据，为门店经营提供自动化运营和智能化决策。它针对的是线下零售行业当前的痛点。它不像电商一样是一个天然的数字化平台，而是覆盖消费者所有线下的交易环节——浏览购物环节、领取优惠券环节、支付环节，使一切流程都自动化、数字化。这个行业也很传统，目前虽然可能完成了一定程度的信息化基础设施构建，但是离数字化、智能化还有相当长的距离。

我们希望智慧零售可以给实体零售赋予数字化电商平台一样的智能化运营能力，解决三个问题。第一个是能够革命性地解决当前的经营效率问题。第二个是可以革命性降低运营成本，主要是针对每个月、每年都会往复发生的经营成本。第三个是，当出生在数字化时代——“Y世代”“Z世代”的人群逐渐成为购物主力军之后，什么样的线下零售能继续抓住这些核心购物人群的心。在商品线上线下都可以买到的情况下，实体门店侧的服务和体验更重要，而我们希望创造个性化、前所未有的颠覆式的购物体验，我们希望创造新的核心抓手以改善消费者购物体验。

例如，购物高峰时间经常会出现排队等待的现象，可行的解决方案是能够完美进行人的购物行为的识别、人和商品交互过程识别以及商品品类的识别，使支付环节完全自动化。未来线下零售店完全可以不需要任何人工干预，消费者进门店拿完东西直接离开商店，几秒钟之后手机上收到购物订单。现在这样即拿即走、无感支付的技术已经落地上海了。再如，我们在电商平台买东西时，打开手机应用会看到的开屏页，每个消费者能领取的优惠券都是千人千面的。它们根据大家过往的购物情况和喜好生成，非常精准。我们正在把这样的模式搬到线下，通过门店里部署各种各样的数字化触点，比如屏幕、天花板语音交互系统，使每个消费者收到的内容——无论视频形式、图文形式，还是声音形式，无论是优惠券，还是新商品的评价，还是其他商品的点评——都个性化、精准化，从而满足个性化的购物体验需要。

我想，在人工智能创新创业领域，放眼全球最好的土壤就是中国。企业在其他国家不大可能会得到类似的政府支持，更多是自己摸索、自生自灭。当有非常多的垄断型企业把控市场的时候，创新创业型企业的机会可能就变得非常渺茫。而在中国，如果提到数字化重塑、人工智能，上海一定是全中国最好的根据地。因为它具备了各方面的资源条件，有政策条件的倾斜，有资金的支持，有人才的支持，也有最重要的底层基础设施、供应链资源支持。如果想要去重塑一个传统行业，想要去重塑一些事情的话，没有这些基础保障，你所要面临的困难、风险和挑战就会放大。所以我个人是觉得做企业也好，创业也好，一半靠人，一半靠势。势能其实就跟所处的地区、所处的行业息息相关。作为人工智能领域最前沿的创新阵地，上海的势能还在不断增加。另一半靠人，上海有非常多从事人工智能行业的工作人员，所以具备了这样助力企业成功的条件。我们也是在上海各级政府的支持下，在政府创造的各种场景中发展的。

数字家园中的智能赋能——戴文渊

我们作为一家to B（面向机构的）企业，很多时候我们不会和任何消费者直接打交道，但今天在很多场景中，消费者会直接感受到我们提供的服务。例如，今天上海下大雨了，这可能直接导致鸡翅销量的提升，因为大家不愿意出门而选择点外卖；而当明天气温升高了，那么快餐店就会卖出更多的冰淇淋。这里面是有规律的，而我们能用人工智能技术帮企业做好经营，即如果我们能发现下雨这个信息和鸡翅销量相关，我们今天可能就会让快餐店准备更多的原材料，让大家在点外卖时体验更好。

再举例说，现在上海有越来越多的新能源车，但新能源的电池到什么样的时间点可能出问题，怎样的电池管理调度可以让电池的性能更好、寿命更长、成本更低，里面都有大量需要人工智能助力电池管理系统的工作。另外在电力领域，比如要葛洲坝这样的发电站电机保持正常运维，过去依赖大量人力监控电机，现在可以从数据里发现规律，用人工智能更好保障发电厂电力供应。

从自身来说，我们并不希望让大家感知到人工智能的显性存在，而是希望由于我们的工作，让服务变得更好，把效率变得更高，成本变得更低。我一直和别人说可能我们的努力并不是让大家感觉我们回家以后生活变得更智能，而是我们回家以后仍和现在一样，只不过可能沙发只有过去1/5的成本，手机效果比过去提升1倍，或者同样的价格能买到大5英寸的电视机。即，并不一定给大家提供了一个更智能的感觉，但给大家提供了更好的生活品质，这是我们一直坚持在为“家园”所做的事。

说到关于企业和政府的合作共振，我一下回想起创业的第一年，当公司只有五个人的时候。我们这样的to B公司非常需要找到我们技术的用武之地。第一年，第一个客户就是上海的客户。

我们发现有一个产业聚集地在唐镇。对于一个特别小的企业来说，产业聚集非常重要，因为这意味着在一个很小地理范围内有这么多潜在的客户。当时我们的服务力量不可能支撑我们在全国各地全面开花，但在上海我们触达了全国的客户。后来也是上海的企业最早开始拥抱数字化，这为我们带来了第二步的飞跃。所以我们对上海非常有感情，可以说我们整个产业是大量依赖上海的产业发展起来的。在我看来，像我们这样to B企业和政府的联动，最重要的是借助政府各种产业聚集，由他们的土壤把我们逐渐孕育起来。

智能驾驶：数字之都的出行未来

约瑟夫·斯发基斯
(Joseph Sifakis)

2007年图灵奖得主，国际嵌入式研发中心Verimag实验室教授

Verimag实验室创始人，法国国家科学研究中心（CNRS）荣誉高级研究员，南方科技大学杰出访问教授。2007年，因在模型检测理论和应用方面的突出贡献获得图灵奖，模型检测是现在应用最广泛的系统验证技术。同时是法国科学院院士、法国工程院院士、欧洲科学院院士、美国人文与科学院院士、美国国家工程院外籍院士、中国科学院外籍院士。

刘　涛

智己汽车联席首席执行官

现任智己汽车联席首席执行官，毕业于吉林工业大学，致力于为中国打造世界级汽车。在上汽集团乘用车任产品规划总监期间，曾主导开发了当时首款人机交互行车系统inKaNet，以及风靡一时的全时在线互联网汽车荣威350。

纪 宇

小鹏汽车副总裁，互联网中心负责人

小鹏汽车副总裁，负责小鹏汽车互联网中心和客户服务与运营中心的相关工作，是智能化产品的主要设计者。

自2016年加入小鹏汽车至今，带领互联网和客户服务与运营团队，承担小鹏汽车的差异化自主研发重任，主要负责小鹏汽车“三屏一云”（中控大屏、仪表液晶屏、手机屏幕、云端服务）的产品设计与开发工作及“互联网+汽车”智能化和创新服务与应用。

曾任职于腾讯，先后负责手机QQ研发和QQ浏览器项目、腾讯研究院项目管理与质量管理。后任职于阿里巴巴，负责移动创新产品设计和研发工作。

张春晖

斑马智行联席首席执行官

曾任阿里巴巴OS事业群总裁，主导国内首个自研移动操作系统YunOS从“0”到“1”的研发推广，主导菜鸟物流无人车、无人机、机器人等前沿技术与产品研发，探索物流场景的L4级无人驾驶，并逐步推进商业化应用。2014年带领团队投入智能汽车操作系统AliOS研发，2015年组建斑马智行，于2016年主持发布了全球首个专为汽车打造的智能车载操作系统，并联合上汽集团发布第一辆智能网联汽车荣威RX5。经过5年时间，搭载AliOS的智能汽车已经超过150万辆。

韩 旭

文远知行 WeRide 创始人、首席执行官

文远知行WeRide创始人、首席执行官。文远知行WeRide是拥有全球领先L4级自动驾驶技术的智能出行公司。作为计算机视觉、机器学习和语音识别领域的顶级科学家，致力于推动无人驾驶技术的研发及商业化落地。在创立文远知行WeRide前，曾为美国密苏里大学终身教授、博士生导师，曾担任计算机视觉和机器学习实验室主任。在2016年担任百度自主驾驶事业部的首席科学家，带领感知、仿真、传感、硬件团队。参与领导开发的“Deep Speech 2”语音识别系统被《麻省理工科技评论》作为“2016十大突破性技术”之一——对话式交互界面的代表案例。

李志飞

出门问问创始人、首席执行官

中国领先的人工智能科技公司出门问问创始人、首席执行官，自然语言处理及人工智能专家。2004年，在美国约翰斯·霍普金斯大学计算机系攻读博士学位。读博期间开发的开源机器翻译软件Joshua，曾经是世界学术界两大主流机器翻译软件之一。博士毕业之后，加入谷歌公司总部担任科学家，从事机器翻译的研究和开发工作，主要开发了谷歌公司的手机离线机器翻译系统。2012年，获得来自红杉资本和真格基金的天使投资，从谷歌公司美国总部辞职回国创办出门问问。

自动驾驶是人工智能领域最令人兴奋也是最具挑战的一个科技前沿产业，同时也是一个重大的科学突破。

从1885年诞生到现在的100多年时间里，现代汽车随着技术的进步不断革新。近几年出现的两大新变革，一是新能源化，二是智能网联化或自动智能化。这对汽车产业来说是百年未有之革命性变局。特别是智能化，它是多领域、多技术的融合和交叉，现在已经成为汽车产业竞争的制高点。

为什么自动驾驶如此之难——约瑟夫·斯发基斯

今天我们需要一个新的科学工程基础——可信自主系统（trustworthy autonomous system）。我相信建立可信自主系统，将是缩小人工智能和人类智能之间差距的一大进步。但这并不能通过简单结合现有的成果，或仅仅改进中央自动驾驶技术来实现。

在这里我需要强调，大量大型科技公司和汽车工业的热情参与和实际投资导致了人们对自动驾驶的乐观主义和一些误解，反映出人们对这一问题的本质缺乏认识。

目前有两种不同的技术途径来应对这一挑战，但我对它们都不太满意。一是采用传统的基于模型的关键系统工程，该方法已成功应用于飞机和生产系统。但由于系统的复杂性以及人工智能技术的能力不足，事实证明它无法充分解决问题。另一种方法是使用端到端的人工智能解决方案（如Waymo），目前它是可行的，但仍然需要更有力的可信度保证。

为什么建立一个自主系统很难？

我们需要先理解什么是自主主体。自主主体是一个不断与环境互动的反应系统，它通过外部环境感知信息，并提供命令来驱动执行。在我的架构中结合了三个部分：态势感知、决策制定以及知识管理。态势感知模型需要框架和设备对象。决策制定模块需要用函数建立一个外部环境的语义模型，当目标管理中有许多不同的目标需要实现时，例如短期目标是避免突然碰撞，而更长期的目标是到达目的地，这样就生成了规划。这就是反应性部分的规划生成和命令生成。同时管理知识的能力也非常重要，特别是对环境进行预测，并制定决策。

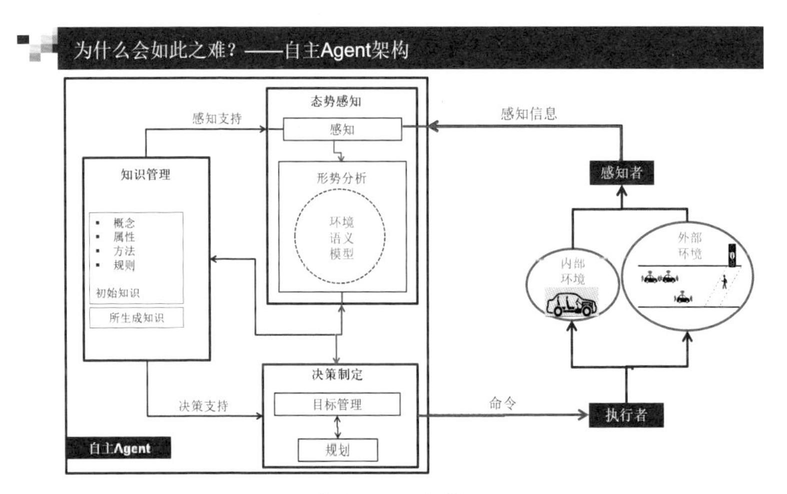

自主Agent架构

我们根据美国汽车工程师协会（SAE）提出的自主等级来理解自主水平的区别，从而进一步区别自动系统（automated）和自主系统（autonomous）。等级从L0到L5，其中L0是非自动化的，L5是完全自主的。从L0到L2，使用的是自动程序（ADAS，自动化驾驶辅助系统）负责辅助驾驶。从L3到L5，使用的是存在自主响应性的系统，其中L3使用允许有人监督的自主性系统。

我认为这种自动驾驶水平的分类，也许会产生误导并导致混淆。首先，我们感觉自动驾驶系统是非常先进的，但从ADAS到自动驾驶系统之间的过渡太过激进。一是L2和L3之间存在很大差距。L3是有监督的自主，需要由人来配合解决机器未解决的问题。然而，如何让人与机器协调配合，这是一个非常困难的问题，这比经典的人机交互问题更难。二是L4和L5之间也有很大的差距。大多数导致自主系统较为复杂的因素是由感知功能的不可靠性以及外部环境的不可预测性带来的。而L4自主系统处于受保护的环境（如地理围栏环境）下，这就意味着外部环境更具有可预测性，感知问题也会简单得多。因此，我们可能很快就会实现L4自主系统，但是L5还难以达到。

建立可信自主系统有哪些重要的技术问题？

我们有非常成熟的工程技术来建立可靠系统。我们已经很好地设计并定义了有标准规定的设计流程和验证流程。但这些技术都是基于模型的，即你知道自己在做什么，并且根据已经建设的基础，可以有确凿证据证明所建设系统的可靠性。例如，一架飞机发生故障的概率很低，故障率是10^{-9}每小时。所以你完全明白你在做什么，然后应用科学的或严格的工程方法。然而，这个基于模型的范例，会随着自主系统的高度复杂性和多样性的提高而变得不再可行。事实上，目前我们有两种可能的方法，一种是采用这种基于模型的方法，我们已经将其应用于自动系统，但无法很好地扩大规模。而一些公司采取的另一种方法是将机器学习应用于自动驾驶汽车，接收到的是图像信息，输出处理信号结果，但这里存在性能问题。我想未来我们应该尝试将基于模型和基于数据两种方法结合起来，如何配合使用并找到两者之间的折中点，这真的是一个挑战。

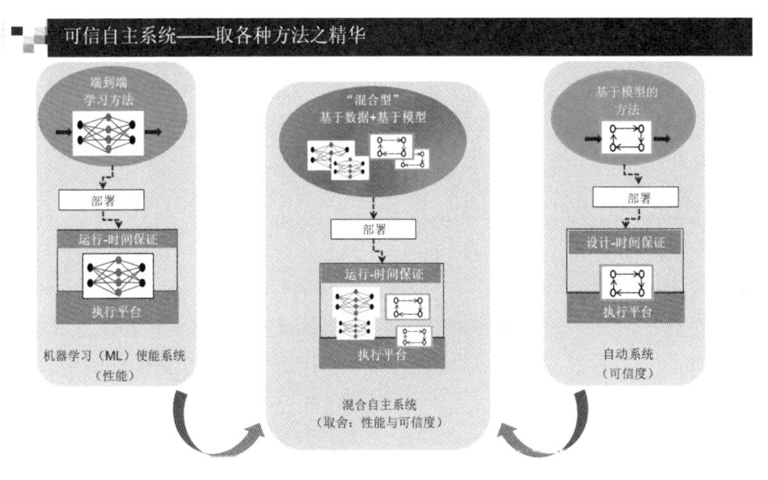

可信自主系统方法

如何知道自主系统是否足够安全到可以批准放行自动驾驶车辆?

大家可能已经看过一些公司的新闻声明："我们已经在模拟中测试了超过100亿英里的自动驾驶里程"。问题是这些言论的价值是什么？他们可以说"我们有非常详细的统计数据，所以我们知道各类事故的概率"。基于此，这些企业可以做一个统计推理，例如，如果你驾驶2.91亿英里没有发生事故，那么你就有95%的信心你是安全的。可是，这种推理的价值是什么?

我认为一个重要的问题是，当我们通过模拟测试时，整个系统是模拟英里与实际英里之间的关系。我认为目前我们对此没有争论，我相信任何技术上健全的安全评估都应该基于模型。举例来说，对于那些基于模型的系统，你需要用覆盖率来衡量相关系统配置被探索的程度，而对于自主系统我们还未得出结果。此外，对于检测极端情况和高风险情况，还需要场景描述语言来测试功能，在软件测试中我们称之为“功能最优”。你需要判断和诊断事故与各种风险因素及违反交规行为之间的关系。总体而言，自动驾驶汽车和自主系统还未完善。

我想强调的是，构建可信自主系统不仅要有智能主体，还要有重要的系统工程。我认为混合设计是当今主流。如何采取最好的形式结合基于数据和基于模型的两种方法是亟待解决的问题。当然，还有全局系统验证。目前只能通过模拟和测试来完成，还需要一些理论来解释。

最后，我想说的是自动系统和自主系统之间还有很大的差距。从ADAS系统的过渡不会是渐进式的，这里存在一个缺口，还需要一些时间来获得新的突破。而我们应该持续努力向前发展。

汽车自主等级从L1到L5，我们现在在哪

李志飞：如果这个问题出现在社交网络上，我想，看到的答案会是L5，而在某些公司给出的视频、宣传页中可能是L4。但我作为一个非自动驾驶专业人士的真实用户，我认为可能是L2到L3之间，约为L2.5。

张春晖：现在很多企业还在L0级别，很多在L1、L2，有些先进的企业在L4了，但L5遥遥无期。综合加权平均大约是L2.X的位置。整个产业的魅力就是这种不确定性、多元化。

纪宇：事实上，目前没看到一款行业内量产车真正能做到L3。就像刚才专家所说的，L2到L3有非常大的差距。

刘涛：我们开发的目标是非常明确的L2.9，向趋近L3的目标值快速进步和努力。

韩旭：我们一直在做L4级的自动驾驶。我认为L1到L4这个东西真的没办法加权平均，做不好L3的公司不一定可以做好L2。不是简单地将L3打个折扣就变了L2，我认为L2做得很好的公司有可能做L3也会做得很好。

往L5走应该选怎样的路径，最大的难点和瓶颈在哪

刘涛：还是要回到L2.9来回答。坦率来讲，L5对我们还是挺远的。像斯发基斯先生说的那样，随着时间推移，数据驱动会逐渐占主导位置。逻辑非常简单，一般情况下，正常行驶占90%的行驶时间，可能包含1万种情况。这可以靠500个工程师，努力辛苦工作5年基本把正常情况完成。现在各种初创企业以及主机厂的自动驾驶能力基本上已经往趋同方向收敛。但真正的挑战在于长尾低概率的边界情况，特点是出现概率非常低，但数量是100

万甚至150万之多。我们可以雇500个工程师工作5年，但不能雇5万个工程师工作5～10年。即使可以，也很难把所有的边界情况都覆盖。在这种两难的情况下，我们认为数据驱动是唯一的解药，尤其对于这种长尾低概率事件。

我们正在试图打造一种系统，通过和用户之间碰到边界情况所上传的数据自我学习、自我达成，能够让边界情况里的大概率情况被自动化迭代方式达成。根据这些情况的优先级把客户经常碰到的边界情况优先覆盖。建立自动化迭代的闭环有可能变成1万个，10万个，甚至100万个自动学习的AI机器人，自动化、大半自动化覆盖长尾的边界情况。

我们理解这点还不够。靠堆料、堆硬件，很难堆出用户“强感知”和“好体验”的自动驾驶。尤其是当视角拉回我们L2.9的出发点，L2.9判断维度下很长一段时间人车共驾是一个常态，人类驾驶员和机器驾驶员之间必须要进行非常好的沟通和交流。从产品角度讲，不在于堆料，更在乎消费者在开车过程中是否能够减轻压力。如果按2.5亿辆车保有量和100万个边界情况来估算，把视角聚焦到从家到公司这段路，边界情况数量大幅降低，无论我用基于模型的方法，还是基于数据的方法都可以把这段路的边界情况达成。

韩旭：自动驾驶一定要软件硬件结合，不可能分开做。目前没人真的知道如何把L5做出来。斯发基斯先生提到的基于数据方案，如果说得更细节一点就是端到端的机器学习，数据输入进来，直接输出车的方向盘、踏板信号，这种方式的问题在于不具有可解释性。基于模型的方法其实也有机器学习。感知肯定是基于数据，但是决策规划会有数据驱动，也会有模型驱动，问题就是基于模型有可解释性，基于数据不具有可解释性。如何把这两个结合在一起，学术界有很多研究。实际真正能不能做成，只有到做出那一刻才知道。

可解释这个问题没解决之前，能不能向L5有一个巨大的跃进？我觉得这种可能性也是有的。比如今天的人脸识别，没有人能说清楚到底怎么做出来的。深度学习模型很难解释清楚。分析数学网络，分析两层很难，分析三四层非常难。但是其实有很多东西可能我们已经做出来了，但是到底是什么原理，要过几年才有完整的理论解释。人类历史上、科技历史上很多都是这样，很多东西没做出来之前并不知道能不能做出来。

李志飞：我认为斯发基斯先生刚刚的论点中，从机器学习角度谈是不严谨的，因为各行各业不一样。另一点就是学术界才会讨论“0”和“1”，任何实际工程系统都是“0”和“1”的混合，问题只是“0”多一点还是“1”多一点，所以这没什么可讨论的。

今天最大的困难在于，人机交互的智能或L5的自动驾驶智能最后都是不完整信息的问题。人脸识别是所见即所得，这是感知决定的，看到的东西我立马可以识别，没什么隐藏信息。但是人机对话也好，L5的自动驾驶也好，在我看来，上下文有很多隐藏信息。比如对话，今天的对话里有很多知识，很多逻辑都没有在语言里完全表达出来。自动驾驶也一样，对于L5系统来说，今天如果是高考，整个交通管理系统就不一样，路上是看不出高考这个条件的。在我看来，通用人工智能，无论人机交互还是L5，因为得到的信息不是完整的，没法建模，所以我们要实现上述两者都很难。

张春晖：我觉得L5像灯塔，放在那，大家朝这个方向奔就可以了。L5什么时候实现，本身意义不大。如果你非要讨论L5怎么实现什么时候实现，我觉得讨论在奔跑过程中的路径在哪，这是更有意义的话题。

回到现实场景，今天的问题放在中国的范围里谈，结论是不一样的。问题放在上海的范围里谈，结论也不一样。第一点，有一个问题很关键，那就是数据肯定是重要的。数据来源于场景，我的建议是在我们能忍受和接受的情况下，尽可能多地让它商业落地并形成规模，先运转起来。我的建议是在货运、物流的场景先商业化，规模化商业场景对产业链的带动是巨大的。企业可以到那时再去攻关高速场景，此时也有了数据基础。第二点，大家在讨论我们不要只从机器的角度考虑，还可以从人的角度考虑。今天我们都在谈以人为本，机器要为人服务，这点上我同意之前所提到的内容，即人机互动是重要的。其实用户期望并没有非常高，用户并没有期望明天就可以达到L5级别，即使达到了用户也不敢用。但是如果有一定升级优化，用户体验就会很好。

纪宇：从技术路线来说，不同的企业是在不同的位置做选择，不同的选择带来了不同的结果。我关心的问题是企业的选择是否对大众更加有利。我想和大家分享一下我们的选择，我们作为真正把车卖出去面向大众客户的企业，我们有一些自己的思考。

我们的车要真正交给客户，对我来说一定是安全第一，所以这是我想强调小鹏汽车核心的首要的思考点叫“量产为先”。我们知道自动驾驶有很多所谓的“营销功能”，也有很多所谓的“量产功能”。量产化做什么，安全、靠谱，客户用了尽量少出事，这是最核心的，即不给客户添堵。我们非常注重这一点，这带来的好处就是数据。对于真正用得好的产品，客户会不断使用。数据价值对于我们非常重要。

在中国更看好车路协同还是单车智能

韩旭：我来分享下我对车路协同的理解。路灯杆的间距大约是200米，路灯杆上可以安装激光雷达、摄像头、毫米波雷达。我们做一个简单的数学模型，假设有10千米路，每200米安装1个路灯杆，可以放置50个路灯杆。假设每个路灯杆在365天中有一天无法正常工作，那么364除以365然后再求50次方，得到87%，就是说此种方案下，平均大约每10次中会有1次出现问题。如果将整个城市所有道路都布满传感器，那就相当于直接把这个城市的路全都铺成电车轨道，车辆全都像机场无人车一样，那么早就实现自动驾驶了，但实际上做不到。

我不是认为这条路走不通，而是认为不能完全依靠车路协同。我提出过一个“路灯车灯”的比喻，其中单车智能就像是车的大灯，车路协同就像城市里的路灯。上海这座城市灯火通明，即使忘记开车灯也不会有大问题。但关键在于，在没有路灯的小巷里就必须要开车灯，这两个场景是互为补充的。不能说因为城市装满路灯，灯火通明，车辆就不安装车灯。肯定是两个都需要，不必对立起来。

刘涛：我们的观点是我们做好我们的事。我们是车企，要把单车智能做到我们的极致。在我看来，V、X之间的通信问题，不仅是个技术问题，还是个基础设施问题。我觉得在一些特定场景，比如说长三角核心高速，将来会在高速公路高精地图加V2X方面有领先型的示范区，那个时候我把我的单车智能做好。我只是希望当有了部分路段的V2X能力时，我可以享受这个红利，成为早期享受者就可以了。

纪宇：我百分之百同意车企就是把车做好，V2X可以接入做得更好。

张春晖：理论上两个都可以做到，实际上我认为还是要两个结合起来。

李志飞：如果将自动驾驶看作网络系统，单车智能更多是分布式的智能系统，V2X更多是集中式的智能系统。分布式更加智能、可靠，但近期的技术算力还不足以支撑。因此我认为近期V2X的方案多一点，未来自主系统的方案更多。

畅想一下L5何时可以实现

韩旭：这个确实很难预测，到2025年，某些区域应该可以实现L4。

刘涛：的确很难预测，说实话没考虑过这个问题。如果是L4的实现时间，也许还能猜猜。我认为在2025到2030年之间有可能会实现L4。

纪宇：关于L5何时可以实现，我认为首先要确认是谈要求百分之百实现，还是在谈人的安全系数。如果是后者，那么在火星上实现比地球容易，因为在火星上只要解决车与车的问题，不需要解决人车混流的问题。所以，从纯技术理论的角度来看，2030年左右也许就实现了。然而，在地球上实现L5必须要解决人车混流的问题，所以目前是没答案的。因为机器与机器之间的问题可以通过规则逻辑做出限定，但无法限定人类可能会做出的反应，至少目前在伦理上这点是不成立的。

张春晖：如果我们企业和政府一起保持干劲的话，10年之内我们造出最好的第1辆车的话，那么在第3辆车上可能会实现L5。

李志飞：一个精准到天的时间吧，2099年12月31日。为什么？人类需要新的故事开启下一个世纪。

总结

若干年前问“L5什么时候实现”，所有人都信誓旦旦地说将在2020年或2025年前实现，那个时候我们对L5充满了期许。而到了2021年，所有人都说这是一个遥远的目标，甚至是一个梦想。现在我们离我们的梦想似乎越来越远，但我们更加脚踏实地，往前走的能力越来越强了。这是今天夜话的核心共识，也是整个自动驾驶行业坚定往前推进的重要力量。

在智能驾驶领域，上海始终是积极的探索者和全国的先行者。作为全国的汽车产业重镇，上海具有非常雄厚的汽车产业基础，同时智能驾驶所关联的行业、产业——无论是人工智能，还是集成电路、软件、5G——都高度发达。在制度供给方面，目前针对智能驾驶领域的《上海市智能网联汽车道路测试和示范应用管理办法》已经颁布，在全国率先开展了道路测试，且所有的测试道路都可以做到5G信号和高精地图全覆盖。而全市统一的测试和示范应用公共数据中心也能为行业进行必要的数据赋能。在全面推进城市数字化转型的背景下，我们有理由相信上海能够抓住这次科技革命产业变革的历史性机遇。让我们共同期待自动驾驶技术在数字之都舞台上展现出的智能未来。

数字城市的新一代安全能力框架

周鸿祎

360 集团创始人、董事长

360集团创始人、董事长，全国政协委员，九三学社中央委员，全国工商联执行委员，获得“全国劳动模范”、国家百千万人才工程“有突出贡献中青年专家”等称号。

2021年1月，上海提出全面推进城市数字化转型，带动城市数字化转型的潮流。文件中特别强调“要构建与城市数字化转型相适应的大安全格局”，我想利用这个机会，从网络安全的角度谈谈对数字城市的几点看法。

大家都在谈发展，我想重点谈安全。习近平总书记讲安全和发展是一体之双翼，是双轮驱动，要并重。我觉得谈安全，不是为了阻挠新技术的发展，更多的是为了更好保障各种新技术的使用。

2021年是“十四五”开局之年，“十四五”规划和2035年远景目标纲要明确指出“要加快数字化发展，建设数字中国”。数字化发展已经成为中国的国家战略。这其中数字城市，或者说智慧城市，毫无疑问是数字化的核心场景。发展至今，数字城市建设的主题已经不是开发更多的信息化系统，而是推动城市的全面数字化转型，即利用数字技术全方位地驱动城市、赋能城市、重塑城市。

更具体地说，在未来城市里面，可能除了这些智能的车在路上跑，更离不开整个城市环境的智能化。既要有聪明的汽车也要有聪明的路，车路协同才能重塑城市交通。更极端一些，城市里的每一个灯杆、每一个路灯、每一个垃圾桶甚至是每一个井盖可能都被数字化了。通过传感器，整个城市管理的流程能实时汇集到云端形成大数据。所以建设数字城市已经成为塑造城市的新战略，也是建设网络强国、数字中国和智慧社会的重要抓手。

从本质上看，城市的数字化转型是构建城市的“数字孪生”，就是以大数据为核心，利用物联网、传感器、云计算、5G、人工智能、边缘计算、区块链等技术，通过数据的生产、采集、运营和赋能打通数字空间和物理空间，形成数字孪生闭环。随着技术的不断发展，还有可能融合城市各类大数据，建立与物理城市精准映射、虚实融合的城市数字孪生体，以虚拟指导现实，用数字空间赋能物理世界，从根本上改变城市的管理方式，提升管理能力和效率。过去20年是中国互联网的上半场，这时候一提起大数据、云计算，互联网公司是主角。但是到了现在，中国互联网进入下半场，未来的主角应该是我们各级政府部门，它们会成为真正的大数据拥有者。

虽然数字城市提供了无限的想象空间，但是从安全角度来看，数字化程度越高，对安全的挑战就越大。未来数字城市一定是一个高度复杂的数字化环境，城市的构成不仅仅是成千上万个联网的政府部门和企事业单位，还包括数字化的城市基础设施，例如智慧交通、智慧电网，各种政务云和大数据中心，以及背后的数以亿万计的物联网设备、工业互联网设备、IT设备和数字化终端，数以亿PB级的各种政务、商务和个人数据。在这样的数字化环境下，应用场景复杂多样、网络和数据资源数量庞大、网络的边界难以定义等种种问题导致网络攻击的暴露面无限扩大，网络安全防护的薄弱点数不胜数。近期一家公司接受国家安全调查的事件上了“热搜”，从这个例子中大家可以看到当数据积累到一定程度，量变产生质变，数据的安全会和国家安全形成直接的联系。

所以总结起来，我认为数字城市有三个特征，这几句话原本是梅宏院士的原创，我就拿来为我所用，那就是“一切皆可编程，万物均要互联，大数据驱动业务”。归根结底是软件定义城市，城市架构在软件的基础之上。包括我们今天大会的主题“人工智能”

数字城市意味着“软件定义城市”

也有两个前提：第一，所有的人工智能，无论各种开源框架还是开源算法，本质都是软件；第二，现在的人工智能基于深度学习，没有大数据的收集和基础，实际上人工智能是无本之木。所以在人工智能时代，最后本质的核心我认为还是大数据。

逐一来说，“一切皆可编程”就意味着漏洞无处不在，也就是支撑我们整个城市运转的每一个系统都不可避免地存在安全漏洞，有漏洞就有可能被攻击。未来的城市在网络攻击面前会变得十分脆弱。举个例子，最近美国东海岸的一家输油管道公司遭受黑客组织的勒索攻击，导致输油系统全部停摆，进一步造成美国东部的一些地方进入紧急状态。这几年我们在国内接到大量来自医院的这种报警，被勒索软件攻击之后整个医院不能做手术，不能给患者挂号看病，遭受很严重的影响。

第二，“万物均要互联”的结果是打通虚拟世界和物理世界，特别是工业互联网、车联网、物联网，把过去各种不联网的设备基础设施连到网络上，使得过去在虚拟空间的攻击和伤害可以直接影响到现实世界，造成物理伤害，导致工厂停工、大面积停电、社会停摆，比如像委内瑞拉2019年的大停电、乌克兰在5年前的大停电。2021年在美国佛罗里达州，有黑客攻入了自来水厂水处理系统，试图通过改变自来水里投放的化学物质百分比，以达到往水里投毒的目的。这些例子过去都是在电影里出现的幻想情节，今天已经开始成为现实。

第三，“大数据驱动业务”，意味着数据安全对城市运转变得前所未有的重要，数据一旦遭到攻击就意味着业务停转，造成严重的经济损失和社会后果。最近几年，城市已经成为勒索攻击的重要目标。网络攻击的对象，不仅限于电脑、手机、设备、系统，还扩展到数据。对政府、城市公共事业单位的数据勒索，会造成城市运转和服务陷入停顿，美国新奥尔良市在过去1年里就曾3次遭遇勒索攻击。

当整个城市都架构在软件之上，网络安全就不是一个可有可无的辅助功能，而变成特别重要的基础设施。城市数字化建设和网络安全建设需要同步规划，打造一个能够为数字城市和智慧城市保驾护航的安全底座。

但是对于发展了20年的传统网络安全来说，其思路已很陈旧，无法解决新一代数字城市面临的安全问题。最重要的是传统网络安全在指导思想上是把安全作为信息化、数字化的附庸。数

数字城市的新一代安全能力框架

字化有体系，但是网络安全没有完整的体系，而是依靠不断地卖产品和堆积产品。这既不能做到各个单位之间的协同联防，也不能应对数字城市面临的包括物联网安全、车联网安全和大数据安全在内的新问题。所以需要与时俱进，用体系化建设的思想，将安全体系与数据体系融合，攻防能力和管控能力融合，构建真正面向数字城市的新一代安全能力框架。

在这个领域中，我们已花了大量的时间和资金进行探索，已经实际打造了一套以安全大数据分析为核心的安全能力框架，能够为数字城市打造城市级的能力完备、可运营、可成长的数字安全框架。目前，我们也在上海市政府支持下打造上海自己的安全能力框架。这套框架最大的价值是帮助城市产生城市级的安全能力，因为只有能力才是有价值的，才能应对未来未知的安全问题和挑战。建立城市安全大脑、基础设施体系、安全运营体系，能够为城市政府部门，以及包括企事业单位、市民在内的城市的各个“用户”，提供网络安全的基础服务，就像水、电、气供应一样的城市基础服务。它会整体提升城市的网络安全水平，并且带动城市的网络安全生态产业汇聚、价值汇聚。在这套安全能力的框架下，安全体系能够非常容易得到扩展并支撑数字城市的各种数字化场景，包括智慧交通、智慧社区、智慧能源，真正构建数字城市的安全底座。

WAIC
AI驱动经济

筑牢AI新基建底座，加速城市数字化转型

芮晓武　　中国电子信息产业集团有限公司董事长

1959年生，硕士毕业于原航天工业部710所计算机辅助设计专业。1996年起享受国务院政府特殊津贴。

历任中国航天科技集团公司710所所长，中国航天科技集团有限公司副总经理，中国卫星通信集团公司总经理。现任中国电子信息产业集团有限公司董事长，第十三届全国政协委员。

今天我将围绕“坚持创新理念，共同推进人工智能产业发展”这个主题谈三点认识。

第一，创新发展人工智能要坚持安全为先。

人工智能产业的迅猛发展对安全提出了更高的要求，如何为人工智能打造安全的计算底座成为摆在我们面前亟待解决的课题。为此，中国电子创立了“PKS”体系，“P”代表“PHYTIUM飞腾”处理器，“K”代表“KYLIN麒麟”操作系统，“S”代表注入“SAFETY”安全的能力。我们在全球率先创造性地把可信计算技术深入融入CPU、操作系统和内存的内核中，实现了“三位一体”的内生安全，这样能够高效地抵御来自未知漏洞的攻击，并且可以智能化地感知人工智能系统运行中发生的安全问题。两年多来，“PKS”体系高效保障众多核心系统的平稳运行，综合攻防能力已经进入了世界先进水平。同时还研制了国内领先的多类人工智能芯片，包括众核CPU、高速并行GPU、千万门级FPGA芯片以及脑机接口芯片等，共同为人工智能产业发展提供坚实的安全底座。

第二，创新发展人工智能产业亟须提升数据治理能力。

人工智能在中国迅猛发展，对数据的合规性、开放性和质量提出了更高的要求。而当前我国在数据资源利用中普遍存在“数据有效供给不足、数据要素市场缺位、技术体系不够完善、法制体系有待健全、制度管理滞后”等现象，如何提升数据治理能力是摆在我们面前亟须解决的又一课题。为此，中国电子创新地提出了数据治理解决方案。我们从土地、资本、劳动力、技术等传统生产要素发展中找规律，针对目前存在的数据“定价难、确权难、计量难、安全风险大”等难点，提出了“数据元件”作为数据要素流通的“中间态”的模式。推动数据实现“资源化、资产化、资本化”的三次“蝶变”。通过“数据不动，应用动”等技术，充分激活数据要素潜能。目前，中国电子数据治理工程已在多个城市深入探索落地，并成为城市数据治理的最佳实践。我们相信数据治理工程的实施将有效解决数据供给难题，推动数字经济从数据资源利用向数据要素市场配置转变，为人工智能产业发展提供可持续的动力源泉。

第三，创新发展人工智能产业要加速应用场景的建设。

中国发展人工智能的优势就在于行业多、场景多。因此，中国电子始终坚持联合开放的发展理念，推动人工智能应用场景建设。例如，在金融领域，围绕智慧型银行转型需求，以“金融智脑”技术为基础进行全渠道的接入；在数字医疗领域，构建“中电健康云”平台，实现对重点城市全生命周期医疗数据的汇聚，并为医疗机构提供辅助决策、健康咨询等智能医疗服务；在智能安防领域，面向城市公共安全和社会治理领域，提供智能安防系统解决方案，已在近百个城市实现了应用。

我们期待能够发挥自身在网络安全和数据治理方面的能力与经验，与全球人工智能产业一道，构建更加开放联合的产业生态体系，共同推进产业持续健康发展。

金融与AI加速融合，深度赋能城市数字化转型

任德奇

交通银行党委书记、董事长

2020年1月起任交通银行董事长。曾任中国银行执行董事、副行长，其间曾兼任中银香港（控股）有限公司非执行董事，中国银行上海人民币交易业务总部总裁。1988年于清华大学获工学硕士学位。

习近平总书记曾为首届世界人工智能大会发来贺信，深刻阐述了人工智能服务经济社会发展、造福人类的重大意义，指明了各行各业推动人工智能快速发展和深度应用的前行方向。在本届大会开幕式上，李强书记展示了上海加快建设人工智能“上海高地”，以人工智能高质量发展助力城市数字化转型的新蓝图、新进展，提出了“加快推动人工智能技术全域、全场景、全方位的落地应用，打造充满活力的产业生态”的新要求。这为金融业加强人工智能应用、提升服务经济社会的适配性、普惠性指明了方向，也为金融业开拓了更广阔的空间。

我将结合交通银行工作实践，向大家汇报对于金融与人工智能加速融合、赋能城市数字化转型的几点认识和体会。

首先，人工智能与实体经济深度融合，是我国发展人工智能产业的战略重点。新冠疫情发生后，全球各大经济体正在重振经济和常态化抗疫两者之间寻求平衡。在此背景下，人工智能作为科技创新和数字经济领域的领先技术代表，天然具有开放、互联属性，并正以指数级、非线性的演进速度，打破各行各业间的壁垒，推动传统的人流、物流、资金流、信息流连通，实现更高层面上的产业融合，为经济社会发展注入新的动力和活力。

根据国务院发布的《新一代人工智能发展规划》，到2025年我国人工智能核心产业规模将超过4 000亿元，并带动相关产业规模超过5万亿元，成为中国经济发展的重要亮点之一。随着我们人工智能产业不断壮大，人工智能应用场景将极大丰富，与实体经济持续深度融合。

（1）人工智能在我国传统产业转型升级中将扮演重要角色。传统产业将突破既有思维局限，在生产管理、产品设计、用户管理的全流程中挖掘人工智能应用场景，通过应用人工智能技术提升市场竞争力。

（2）人工智能技术应用将助力我国信息基础设施能级提升。以5G、物联网、卫星互联网为代表的通信网络基础设施是推广人工智能应用场景的重要支撑。而人工智能依托于数字化土壤与实体经济充分融合的过程，也将产生大量的信息基础建设需求。

（3）人工智能应用场景多样化将有效赋能智慧城市建设。基于人工智能技术的城市治理和公共服务场景应用，将不断超越传统管理模式，大幅度提升公共服务效率。例如以“城市大脑”为主体的人工智能技术应用，正在推动城市治理由传统人力密集型向人机交互型、由经验判断型向数据分析型、由被动处置型向主动发现型转变。

第二，金融业是人工智能的重要应用场景，智能金融将成为金融业核心竞争力。

金融天生以数据形式存在。在人工智能与实体经济融合过程中，金融业具有天然的数据优势。从当前实践来看，金融机构积极探索人工智能的应用也是大势所趋，越来越多的金融机构正通过系统性方法部署高级人工智能。根据银保监会统计，2020年银行机构和保险机构信息科技资金总投入分别达到了2 078亿元和351亿元，同比增长率分别为20%和27%。

02 金融业是人工智能的重要应用场景，智能金融将成为金融业核心竞争力

WAIC | 交通银行 BANK OF COMMUNICATIONS

2021世界人工智能大会荣耀赞助商

超过九成的上市银行正在开展与人工智能相关的应用探索，主要应用场景包括智能风控、智能客服、智能营销等。

人工智能技术的广泛应用，已成为商业银行服务实体经济、防控金融风险、深化金融改革的重要驱动力。

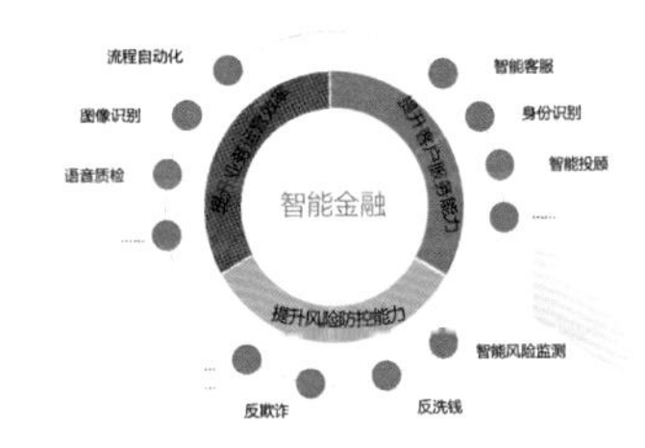

人工智能在金融领域的重要应用场景

目前，超过九成的上市银行已经公开披露正在开展与人工智能相关的应用探索，主要的应用场景包括智能风控、智能营销、智能客服等。

人工智能技术的广泛应用已成为商业银行服务实体经济、防控金融风险、深化金融改革的重要驱动力。以交行的具体实践为例：

在风险管理领域，人工智能技术的引入将大幅提升银行风控的效率和准确性。例如交行入围2021“卓越人工智能引领者奖（SAIL奖）TOP 30”榜单的“基于复杂知识图谱的风险监测项目”，通过构建零售、对公客户复杂关联关系，实现智能网链织补、风险业务洞察和平台化生态，有效解决银行风险监测中面临的客户概貌不全、风险机理不明与规模化不高等问题。项目上线以来，已应用于反欺诈、营销拓客、客户精准画像等32个业务场景，风险预警准确率超过86%。

在客户服务领域，人工智能基于大规模知识管理系统构建客户接待、管理及服务智能化解决方案的应用领域广阔。交行正在通过手机银行、网银等渠道为客户提供拟人化智能客服，智能语音平台整体识别成功率超过90%，智能客服应答量占客户总提问量30%以上。

在内部运营领域，通过OCR、RPA等人工智能技术有效提升业务运营效率。交行将OCR技术应用于手机银行、企业网银、小程序等渠道，目前表单版面识别单张影像平均耗时1.8秒，平均识别率在97%以上，清分时长从人工识别的每笔4秒缩减为机器识别的每笔1.8秒，缩短了55%。

展望未来，人工智能必将继续重塑金融业发展模式。可以预计，随着人工智能技术在金融业应用的深度与广度不断推进，作为金融科技发展的高级形态，智能金融将成为金融业核心竞争力。

第三，金融与人工智能技术融合发展，在服务城市数字化转型中大有作为。

2021年国务院《政府工作报告》指出："加快数字化发展，打造数字经济新优势，协同推进数字产业化和产业数字化转型，加快数字社会建设步伐"。我国数字经济发展已进入全面提速阶段。上海在2021年首个工作日发布《关于全面推进上海城市数字化转型的意见》，将数字化转型作为上海"十四五"经济社会发展的主攻方向之一，推动经济、生活、治理三大领域全面转型、整体提升。

面对这一重要战略机遇，交行坚持以客户为中心，积极服务上海城市数字化转型战略布局。比如，积极支持新型智慧城市建设，主动对接上海"两网建设"，充分应用人工智能技术，创新推出"交银e办事"系列产品。其中，"惠民就医"实现同类产品从无到有的突破，签约客户数在上海市场占比达85%以上，让市民享受到安全、快速、免排队的医疗支付服务；"普惠e贷"融合来自税务、工商、征信等部门的数据，通过联合建模，为小微企业打造集信用、担保、抵押为一体的创新产品。同时，交行积极推进数字人民币在上海等试点城市的场景建设，让市民充分体验数字人民币带来的便捷和安全。

"十四五"期间，交行将紧紧围绕服务国家战略、服务构建新发展格局和满足人民美好生活需要，充分发挥总部在上海的主场优势，在服务上海国际金融中心建设，以及上海经济、生活、治理全面数字化转型过程中，把握机遇、率先突破，加速推进"数字化新交行"建设，进一步提升金融服务的普惠性和竞争力。通过围绕业务的全触点、全链路、全场景闭环智能化运营管理，以及线上实时自动化风控决策，实现数字化经营管理新范式。通过聚焦打造普惠金融、贸易金融、科技金融、财富金融四大业务特色，构建数字化、生态化的客户服务体系，推出更多受客户和市场欢迎的标杆产品，推动创造共同价值。

AI、5G 与云，新基建全面赋能智慧新时代

安 蒙
(Cristiano R. Amon)

高通公司总裁

目前担任高通公司总裁以及高通执行委员会成员。全面负责高通的半导体业务，涵盖手机、射频前端、汽车和物联网，以及公司的全球业务运营。在加入高通公司前，曾担任巴西无线运营商Vésper的首席技术官，并曾在NEC、爱立信和Velocom任职。拥有巴西圣保罗坎皮纳斯州立大学（UNICAMP）电子工程理学学士学位。还是世界经济论坛第四次工业革命中心物联网委员会联席主席。

我们正快速迈向人与万物智能互联的世界，多项技术的融合正在推动这一趋势。极速5G网络连接、高性能低功耗计算以及终端侧的人工智能技术，正在驱动新一代智能边缘终端和云计算的发展。万物能够实时连接至云端，这让终端、体验和数据受益于不断增加的内容、处理能力和云端存储空间。5G、人工智能和云的结合，将有力推动创新和经济增长，赋能全新商业模式、全新服务和全新收入来源，并加速众多行业的数字化转型。为实现人工智能的规模化发展，我们需要将智能广泛应用于整个网络。业界预测，2020—2026年月度移动数据流量将增长500%以上，数十亿全新联网终端将分布于边缘侧。

有效应对数据的快速增长，需要的不仅仅是将数据传输至云端，还需要在终端侧集成人工智能的能力，即直接运行算法，为云端智能提供有力补充。因为终端侧人工智能具备多项关键优势，

打造智能边缘

包括更高的及时性、可靠性和安全性。这些优势对于时延敏感的关键业务和业务型应用至关重要，如自动驾驶汽车、智能电网和联网基础设施等。智能边缘终端产生的内容丰富的数据能够实时共享至云端，使人工智能得以充分发挥作用，并实现从终端、云端到边缘侧的人工智能规模化应用。

让我们看看5G、人工智能和云将如何重新塑造我们日常生活体验。如今人工智能几乎融入智能手机体验的方方面面，从影像到语音识别和安全。但很快人工智能还将带来全新维度的移动体验，包括高度的个性化、互动性和情境性。视频类和娱乐类应用正在利用对面部和运动的跟踪来理解用户对内容的偏好，从而提出高度相关的建议。游戏体验将更具沉浸感、更加令人兴奋，它能根据玩家技能水平动态调整游戏难度，从而使玩家持续获得兼具挑战性和参与感的体验。AR技术将改变我们观察周围世界以及与之交互的方式，比如佩戴AR眼镜观看足球赛时，可以自动识别出球员，实时查看该球员的详细信息以及社交网络上相关的讨论。利用更强的手势识别和自然语言处理能力，我们将与终端、应用以及内容更加直观地交互，而这仅仅是构想如何利用人工智能提升用户体验的开端。5G和人工智能不仅将变革用户体验，还将推动几乎所有行业的变革。

以医疗健康为例，5G和人工智能在医疗保健全流程中将发挥重要作用。在事故现场，5G和人工智能赋能的AR眼镜将帮助急救人员更准确地判断伤势，并拍摄高清视频供急诊室医生分析病情。在医院，5G企业专网和基于人工智能的摄像头将加强对患者的监护，并支持医生与专家远程会诊，进行更充分的交流。患者出院后，这些技术将有助于在家中打造综合性康复环境，让患者与专业医疗人员实时、安全地分享伤势的高清视频资料、连续性生命指征数据和其他传感器数据。在疫情期间，远程医疗已成为“新常态”的一部分，而这一变化可能成为长期现象。预计到2030年，美国半数医疗服务将通过云端完成，预计中国和全球其他国家及地区将出现类似趋势。这些变化将助力医疗健康行业扩大服务范围，降低成本，提升水平。

5G和人工智能还将对制造业产生重要影响。未来工厂将高度智能化，厂区内密集部署传感器、工业机器人和头显设备，并通过优化过的可扩展、高可靠的5G企业专网向云端传输此前从未被开发过的数据，制造设备将利用智能摄像头监测生产，动态调整设备以纠正问题。这不仅将助力制造企业提升自动化水平与控制效率，还能够帮助企业实时获取数据，深化对业务的分析，从而更快、更准确地进行决策。这些技术在“工业4.0”演进中发挥关键作用，支持可重构的工厂提高生产力和灵活性，并支持企业更加轻松地应对需求的变化。

此外，在工业领域，打造更智能的供应链物流和提升港口管理水平也蕴藏着重大机遇。海运对于全球经济至关重要，全球超过80%的货物运输采用海运方式，数量庞大的集装箱在港口运送，自然而然越来越多的港口运营企业希望借助5G企业专网和人工智能提升运营效率和安全性。从自动化货物处理开始，自动岸桥起重机和集装箱运输车精确地卸载集装箱，并将其运送到储存区的合适地点，运输记录将自动更新；同时智能无人机将利用计算机视觉监测船体结构，一旦侦测到任何问题就发送预警；分布在整个港口的智能高清摄像头监测集装箱位置，在提高安全性的同时，确保只有得到授权的人员才能进入相关区域。这样就实现了万物相连至云端，使得管理人员无论身处何地，都能随时监测港口运营的方方面面。

最后是汽车领域。车用5G和人工智能正在带来全新功能，让驾乘体验更加安全、愉悦。基于5G蜂窝车联网C-V2X，汽车将能够与其他车辆、行人和基础设施直接通信，实时交换道路和交通状况的信息。人们还能分享驾驶意图、轨迹和位置信息，支持更加可预测的协作式自动驾驶，从而节省时间和能源，减少事故。在这一领域中，中国正处于前沿，通过《智能网联汽车技术路线图》推动支持C-V2X网联汽车的发展，旨在实现2025年中国C-V2X终端新车装配率达50%的目标。5G和C-V2X与人工智能的结合将支持更高水平的自动驾驶，大幅提升安全性和便捷性。5G和人工智能还将变革车内体验，为驾乘人员提供更加个性化的座舱配置和内容。比如具备计算机视觉的座舱摄像头和心率传感器，将监测驾驶者的状态，如果发现有疲劳驾驶的迹象就会提醒，并通过和汽车自动化驾驶辅助系统ADAS融合，预防交通事故。

为了加速迈向智能云连接的未来，我们正与在全球领先的中国企业合力推动创新。大家都致力于打造更智能的边缘终端，并力图让人工智能在云端发挥全部潜能。对于能够参与此项工作，我们倍感兴奋。5G将是万物的连接平台，这对移动通信行业所有从业者而言，意味着巨大的机遇。

AI新基建的产业理解与未来思考

吴晓如

科大讯飞股份有限公司总裁

毕业于中国科学技术大学，获信息与通信工程博士学位。1999年作为联合创始人创办科大讯飞，现任科大讯飞总裁。2010年获国务院政府特殊津贴。曾多次主持、参加国家“863”重点项目和国家自然基金项目，取得了丰硕的科研成果，曾先后获得国家科技进步二等奖、信息产业重大技术发明奖等奖项。

董志刚

SAP思爱普全球副总裁、SAP中国联席总经理

负责SAP中国的多个行业群（汽车及零部件、装备制造、军工和国防、金融及交通物流等），以及华东和华中区的中端市场。是中德智能制造联盟和上海工业互联网协会发起者之一，并参与了中国首个“工业4.0”项目引进。在企业级应用软件领域从业20多年，在本地创新、市场拓展、商业模式创新等领域都具有丰富管理经验。

夏华夏

美团副总裁兼首席科学家

本科毕业于清华大学，博士毕业于美国加利福尼亚大学圣地亚哥分校，曾先后供职于谷歌美国总部、百度公司，于2013年加入美团，现任美团副总裁、首席科学家。同时担任北京智源人工智能研究院理事，中国电动汽车百人会理事，清华大学人工智能国际治理研究院发展与合作委员会副理事长。也是2020年“青年北京学者”。

周伯文　**京东集团原技术委员会主席、京东人工智能研究院原院长**

京东集团原副总裁、京东集团原技术委员会主席、京东人工智能研究院原院长，美国电气电子工程师学会会士，国家新一代人工智能治理专家委员会委员、国家新一代人工智能发展研究中心专家委员。长期从事人工智能基础理论和核心前沿技术的研究，是深度自然语言理解领域的开创者之一，其多篇开创性论文单篇被引数超过千次，累计上万次。在语音和自然语言处理、机器翻译、深度语义理解等领域取得杰出成就。

魏 亮

中国信息通信研究院副院长

现任中国信息通信研究院副院长，长期从事网络安全领域研究工作。在网络安全政策、法律、技术、产业、人才等方面做出突出成绩和贡献，先后荣获国家科学技术进步奖二等奖等11项省部级以上荣誉。参与起草工信部第11号令、“十三五”网络与信息安全专项规划等，并相继承担国家科技重大专项及重点专项20余项，编制修订标准100余项。

魏亮：现在我们以“AI新基建的产业理解与赋能思考”为主题进行研讨。当前已进入“十四五”开局之年，全球疫情仍在延续，宏观环境复杂多变，我国也处于经济结构调整、产业转型升级的关键阶段。以AI新基建为代表的新型基础设施建设，能够对冲疫情影响，拉动经济发展，助力满足人民群众对美好生活的需求，也是打通国内国际双循环的重要着力点。

产业场景中对AI新基建内涵的理解

吴晓如：关于AI新基建，我想从三个层面来谈一下。

一是新的技术应用模式。人工智能技术的应用模式非常新，人工智能算法、算力和数据需要完美结合。更多的数据会推动技术的迭代升级，更好的技术水平会推动更多人使用，从而产生更多的数据，形成正向循环，这种技术会以前所未有的迭代速度向前推进。同时，这决定了人工智能不仅仅是普通的新技术，而是一种新颖的技术使用模式。

二是新的应用场景。人工智能催生了很多新的应用场景，例如大家刷脸进门就很好地解决了会议安全性问题，大会的实时翻译转写系统等应用将人们从繁重的劳动中解放出来，使得一些枯燥的工作可以不用花费很多人力。人可以去从事更多有创新性的活动，这都是新的人工智能技术带来的改变。

三是新的体验。人工智能给我们带来了很多新的应用体验，例如人工智能催生了许多个性化的交互体验。个性化是指每个人接受的服务与众不同。在没有人工智能的时候，这种个性化的服务成本非常高，无法普及。但是有了人工智能之后，实现了精确了解每个用户的特定需求，基于此推送个性化服务，从而使每个人都基于人工智能获得全新的体验。

董志刚：中国是世界上的“基建狂魔”，也在向外持续输出。人工智能是算法、算力、数据相结合的技术。从这个角度上来讲，我认为这里的“新”跟以往不同，它作为基础设施，采用了新技术，实践于新应用。作为人工智能技术的应用者，而非技术的发明者和创造者，我们侧重于把企业的数据和流程结合起来，通过运用人工智能领域的机器学习和自动化技术，以及基于视觉的、自然语言处理的技术，辅助企业进行更加自动化、透明化的决策和管理。因此，我们期望AI新基建技术越来越强。

夏华夏：我想从两个方面来说明我的理解。

第一方面，人工智能自20世纪50年代出现以来，到现在已有60多年。为什么我们现在还叫新基建？我想这是因为我们正在把人工智能过去60多年的前沿探索，推进到落地应用阶段。当一个技术发展到落地阶段，才可能成为基础设施建设。因为按照定义，基础设施是能够为社会生产和居民生活提供公共服务的工程设施。我们看到，近几年人工智能在不同领域里的落地应用——尤其是与很多实体经济行业相结合，不管是在餐饮业、酒店旅游业、休闲娱乐、自动驾驶等领域——都已经切实提高了生产经营效率，为消费者提供了更好的服务。我想这是人工智能在出现60多年后，仍被我们称之为“新基建”的一个原因。

第二方面，既然人工智能已经出现了60多年，那我们为什么还去建设它？因为人工智能在算法、算力、数据方面仍有非常大的建设空间。数据听起来非常简单，但如果我们想在新基建领域实现智能技术较好的落地应用，首先要把实体经济中每一个实体

数字化，并使这些数据可以通过网络传输到服务器上，再依托巨大的算力才能够产生智能的应用。所以人工智能在数据制造、数据传输、数据管理、安全、隐私保护等方面都有非常大的建设空间。

周伯文：过去几年我一直在思考，AI新基建“新”在哪里？前两年这种新的本质主要是物理世界与数字世界的打通——通过对物理世界建模，再在数字世界进行优化，通过更聪明地移动比特让我们更高效地去移动原子。我想，到了2021年这个时间节点上，AI新基建更多指的是“融合”，融合包括两个层面。第一个层面是人工智能需要多种技术的融合发挥价值。这不仅是在技术层面的融合，例如机器视觉、自然语言理解、知识图谱、强化学习等，同时也是认知层面的融合，而且更多还是云计算、大数据、物联网等新兴技术的融合，只有融合才能产生效果。第二个层面是人工智能需要技术和产业融合产生效益。在技术和产业深度融合的过程中，技术要通过特定场景解决特定问题而创造价值，这是新基建的核心使命所在。

融合会带来两方面的效果。

第一是融出新的应用。在我们的探索中，围绕生产、流通、消费等环节，多种人工智能技术融合，取得了非常好的效果，让终端消费者拥有良好的消费体验并感受到价值。当前一个企业能否用好人工智能的关键，不在于是否正在使用，而在于另两个问题：一是应用广度问题，即是否在大规模使用；另外一个问题是应用深度问题，即是否是全流程、全系统地在用。未来可能不存在不使用人工智能的企业，而如果想成为一个领军企业，那全流程、大范围、大规模地应用人工智能则是十分关键的。

第二是融出新的效率。我讲一个数字，京东2021年发布的财报里提到库存周转天数是31.2天，这是一个世界领先的数字。库存周转的时间越短，意味着我们产能越高，单位时间内创造的经济价值越大，对社会贡献的价值越大。京东覆盖数百万SKU（商品数）、五亿多的消费者、数十万的商家，对比世界领先的零售企业Costco，它的库存周转天数是30.9天，但是它只覆盖几千个SKU，规模比京东小几百到一千倍。京东在如此大规模的基础上，能做到31.2天这个数字，是源于背后与技术产业的深度融合。所以说人工智能发展的下一个阶段，就是将通用能力和场景进行结合，在产业数字化战场上提供落地实践。作为人工智能研究者，我一直跟我们的同事说产业数字化将是下一个十年人工智能最大的机会，也希望产业数字化能助力国家和社会迎来高质量发展的时代。

产业赋能中对AI新基建的探索

吴晓如：作为人工智能企业，我们始终在进行行业赋能的探索。我从三个方面来诠释人工智能的“基”。第一，未来人工智能技术将覆盖90%的应用，这并不意味着每一家企业都自己开发人工智能技术，而是说人工智能作为一个“基”，方便地被每个行业所使用。第二,一般来说，人工智能技术分为感知人工智能和认知人工智能，后者的行业属性更强，能在基础性的行业里帮助解决一部分行业问题，这是第二个“基”。第三，人工智能技术不仅仅要面向底层的技术开发者，它应该给更多人的生活带来便捷性，就像我们出门要带一瓶水一样，在基础性工具领域，人工智能技术要提供一种高可靠性的技术。总结来说，从赋能角度看，这个“基”提出了三个方面的问题——如何融入更多的应用中，如何在行业里发挥基础性作用，如何帮大家解决生活中日常问题。

董志刚：我从赋能制造业角度，从两个方面谈谈我对这个问题的理解和对未来的预测。

第一，IDC预测，到2025年，有90%新的应用都会嵌入人工

智能技术，到了2024年人机协同将是带动整个社会高效率运转的核心技术。对比来看，在美国目前IaaS小于SaaS加PaaS的总量，而中国的情况刚好相反，说明中国很多的新基建做得非常好，有很多IDC和数据中心。但是我们上面的PaaS和SaaS流量还远远不够，现在应该只有1/10左右。所以我大胆地说，从我们制造业来看，赋能的重要分水岭应该是当我们数据SaaS的流量达到与IaaS的流量一样之时。

第二，制造业企业的目的就是在整个国民经济生产当中，提高某一部分的生产效率，改善客户某一方面的体验，只有这样，企业才能生存和发展。我们以机器视觉为例，图像识别有没有达到3σ或者6σ？达到了我们才能减员增效，才能把人放到更需创造力的地方去，从而为制造业真真正正带来收益，这也是我想特别提出的倡议。

产业落地中AI新基建的模式

夏华夏：人工智能新基建最重要的就是落地，我们称之为“建设接地气的人工智能”。以美团为例，我们致力于成为人们美好生活的小帮手，我们会把人工智能用在每个人生活的方方面面。比如帮助每一家餐馆、酒店做智能化经营决策，用人工智能帮助骑手省时省力地配送，用无人车、无人机为用户提供便利。这些接地气的应用只有结合场景，才能让人工智能更好地落地、更好地发挥效能，所以说要建设接地气的人工智能。

周伯文：从赋能角度来说，我个人认为制造业的智能化是非常巨大的市场，但也是非常困难的。我们看到，这远不如消费互联网的数字化那么容易。原因是：第一，产业互联网“数据孤岛”严重，数据本身不全，不像消费互联网数据容易集中；第二，可复制性非常差，先不论跨行业，哪怕同一行业，工厂A适用的模式，到工厂B不一定能适用；第三，商业模式差异大。因此，在人工智能技术上，我个人非常倾向于做可信赖的技术。人工智能只有智能是不够的，还需要具备可信赖性、可复制性。在工厂A用了，换一个场景也可以用。算法的稳健性、可解释性等都需要迭代，真正的人工智能在算法提高的同时，如何去解决实际问题，这需要整个生态去共同解决。

人工智能的研究者手里有个锤子，看什么都是钉子。我们习惯性地将人工智能分成图像识别、自然语言理解、知识图谱等，

但制造业的问题千变万化，比如有销量预测问题、产品预测问题，它要融合知识图谱、自然语言处理、消费者洞察、机器学习等各种技术去解决，所以纵然人工智能研究者手里有锤子，却不知道如何去做符合制造业需求的钉子。

现在人工智能落地要有问题导向，如何去做呢？我们的方法是，开放的不仅仅是视觉、语音识别、语言理解等人工智能能力，我们还要在这个能力之上，把它们场景化，把所有的技术融合之后去解决制造业销量预测的问题，解决门店供应链提升的问题，解决根据消费者洞察自动做产品设计的C2M新品打造问题。把这些能力开放出来之后再去和ISV、生态、合作伙伴共同解决“深水区”智能化的问题。总结一下，产业数字化是人工智能未来十年最大的机会，产业数字化是一个过程，它不是一个时刻，而是

一段旅程，甚至一个时代。

魏亮：AI新基建通过算法、算力等发挥平台支撑作用，在支撑人工智能自身持续发展的同时，也能形成技术平台，赋能实体经济的各个领域，推动传统行业信息化、智能化、数字化转型升级。

AI赋能推动的产业数字化变革

博乐仁
(Roland Busch)

西门子股份公司董事会主席、总裁兼首席执行官

现任西门子股份公司董事会主席、总裁兼首席执行官。在西门子工作近30年，曾负责战略与咨询、公共交通、数字化工业和智能基础设施等业务。还是德国电子电气行业协会（ZVEI）管理委员会成员和欧洲管理与技术学院基金会（柏林）理事。

博乐仁
西门子股份公司董事会主席，总裁兼首席执行官
非常荣幸参加 2021 世界人工智能大会开幕式
WAIC
2021世界人工智能大会

今天，人类正面临新冠疫情的持续蔓延、城市化、人口变化，以及气候变化等严峻挑战。为了应对这些挑战，我们需要推动经济支柱产业的变革。我非常赞赏中国将“创新”作为“十四五”规划的核心，致力于推动数字化转型和可持续发展。

其实不仅在中国，数字化转型也是所有市场乃至整个社会经济实现高质量和高韧性发展的必由之路，这背后蕴含巨大的潜力。以基础设施为例，在商业楼宇运营和维护方面，数字化技术可以帮助我们节省高达20%的投入；在交通领域，数字信号技术可以在不增加任何基础设施的前提下，提升20%的运力；在工业领域，60%的生产制造任务可以自动化，这意味着我们能够实现更高的资源效率。因此数字化正在推动产业变革，带来更高的生产力、质量、灵活性，以及可持续发展。

人工智能在推动产业变革中发挥着重要的作用，而要在人工智能领域取得成功，需要三个先决条件：第一，具备行业知识和经验；第二，建立信任和网络信息安全保障；第三，开展协作，构建生态。

首先，行业知识和经验指的是什么呢？对于工业应用而言，只是把数据提供给几位专家让他们做人工智能分析是远远不够的。虽然说每家IT公司的人工智能专家都会发现数据库中可能存在的异常，但只有在对系统深入了解时，比如理解电机的工作原理，以及电机如何与水泵和阀门联动时，才能开发出预测机器或系统宕机的智能算法。

这正是西门子在做的事。我们拥有约1 000位人工智能专家，他们利用所需的行业知识与经验，融合现实世界与数字世界，为客户创造价值。基于此，我们在中国已经拥有了成功案例。如在汽车行业，人工智能已经成为提高生产力的决定性因素，为现实世界创造出真正的价值。当然，要取得这样的成果需要深刻理解客户及其运营中所面临的挑战。

此外，双方需要建立互信、共享数据。即使有了最高程度的互信，数据也仍然可能泄露，安全系统也有可能破防。因此，接下来我想谈谈网络信息安全。中国已经意识到这项议题的重要性。这与我们不谋而合，比如我们能够提供带有数字身份认证的软件产品，以确保客户仅从可信的源头获得软件更新。我们正在帮助挪威进行铁路基础设施的整体改造，用数字化系统替代含有超过11 000个信号机和300个联锁站的传统系统。新系统仅有1个数字化联锁和1个数据中心。我们之所以能赢得这个项目，原因在于能够提供无与伦比的数据安全解决方案。因此，保证网络信息安全是成功实现数字化转型和人工智能应用的必要前提。上海市市长曾指出过这一点，他提到要大力发展网络安全产业，从而有效提升网络安全的韧性，他也强调协同合作至关重要，这也引申出了我想谈的第三点。

今天，与各方伙伴的精诚合作比以往任何时候都更加重要，没有一个国家或者组织能够凭一己之力实现数字化转型，或者释放人工智能的全部潜能，大家要以更开放的心态紧密协作。那么，如果想要真正为客户提供帮助，就也要倾听供应商的想法，以此构建一个开放的生态：每一方都能做出贡献，同时亦有所收获。举例来说，我们在中国建立了人工智能实验室，与超过15个合作伙伴共创解决方案及应用。一直以来，我们也与清华大学保持着密切合作，最新的一个合作项目是建立工业智能和物联网联合研发中心，重点聚焦人工智能领域。

2022年是西门子与中国携手同行的第150个年头，随着时间的推移，西门子已经成为中国经济不可或缺的一部分，并在这里建立了完整的本地化价值链，来自政府、客户和合作伙伴的高度认可让我们倍感自豪。因此，我们非常高兴受到上海市政府的邀请，为长三角地区提供面向下一代汽车工业的数字化赋能平台方案的建议，我们的建议就是建立一个基于平等合作伙伴的生态系统，实现在中国乃至不同国家之间的技术、数据、商业和人才的交流融合。此外，还需要通过引入网络安全等技术来进行监管。

相比于10多年前我在中国生活的时期，这里发生的巨变让人惊叹。中国经济和社会已如此先进、繁荣，并且如此具有韧性，这是多么了不起的成就！

AI谱写未来医药健康新格局

葛丽鹤
(Belén Garijo)

默克执行董事会主席兼首席执行官

默克执行董事会主席兼首席执行官。2011年加入默克，担任生物制药业务首席运营官，并于2015年担任医药健康总裁兼首席执行官。领导默克成为肿瘤学、免疫学和免疫肿瘤学的关键全球参与者。此外，建立了医药健康投资领域的全球联盟，进一步贡献了医药健康投资组合的价值。还专注于业务的全球化，以扩大默克在美国、日本和其他高增长市场的地位。

当下，我们的业务主要涵盖医药健康、生命科学和电子科技三个领域。之所以聚集于此三块业务，是因为我们相信科学和技术的力量会为人类面临的重大健康和环境挑战提供解决方案。作为默克执行董事会主席兼首席执行官，我和58 000名富有好奇心的默克人，共同致力于为人们的生活带来积极的影响。

人工智能将是我们推进人类进步的催化剂。近年来，基于人工智能的科技取得了巨大的进步，例如声控交互技术、自动驾驶技术，以及通过机器学习和数字手段来开发药物，而我们正身处在这场重大变革中。我们选择通过人工智能技术来提高我们的运营效率。同时，我们的半导体业务正在积极塑造人工智能的新纪元。默克正在帮助我们在半导体行业的客户和合作伙伴，制造功能和处理能力更强、尺寸更小的微芯片。此外，我们也已着手探索人工智能的下一个前沿领域。不仅如此，我们还通过设立中国创新种子基金，支持了一批从事科学研究和人工智能的初创企业。

毫无疑问，中国在人工智能领域处于领先地位。2020年，中国在人工智能领域所发布的期刊文章，创下了被引用次数最高的历史纪录。我们很高兴成为这个充满活力的生态系统的一部分。我深信，与我们值得信赖的伙伴和朋友携手，我们将引领人工智能技术，使之成为一股积极的力量。

AI赋能助力制造业数字化转型

安世铭
(Sami Atiya)

ABB集团机器人与离散自动化事业部总裁、ABB集团执行委员会成员

生于1964年，德国籍。现任ABB集团机器人与离散自动化事业部总裁、ABB集团执行委员会成员。2016年6月，作为ABB集团离散自动化与运动控制业务总裁加入ABB集团执行委员会。拥有美国麻省理工学院工商管理硕士，德国伍珀塔尔大学/德国卡尔斯鲁厄理工学院电气工程博士学位（机器人、传感器和人工智能方向）。

2020年的虚拟会议对我们大多数人来说，都是一次新奇的尝试。今天，我们汇聚在这个真实与虚拟交织的环境中，真切感受到科技给我们的工作方式带来的巨大改变。在短短一年间，虚拟会议成为常态而非特例，这是人工智能在世界各地蓬勃发展的重要体现。人工智能正在消除真实世界和数字世界之间的界限，创造一套真正基于数字驱动的基础设施。

在上海讨论这个话题很合适。中国不仅在科技研发方面处于世界领先地位，在创造性地利用科技改变人们工作方式方面也是领导者。在过去逾25年的时间里，我们致力于为中国企业提供优质的产品和服务，推动社会变革。截至目前，中国是世界上体量最大、增长最快的机器人市场。2019年，中国市场的机器人装机量占全球总数的38%。展望未来，中国必将成为工业自动化转型的领导力量。我们为在这样一个广阔市场中拥有从研发到服务再到销售的完整价值链，感到备受鼓舞。

在我们的设想中，未来某天，机器人将完成所有人们不愿再从事的工作，包括那些枯燥、脏乱、危险和重复性的工作，进而打造更加健康、内容更有意义的工作，为全世界人民提供更好、更安全、更具附加值的工作。在未来的工作场所，机器人就像办公桌上的电脑一样随处可见，你可以和机器人并肩工作，只要和它说句话就能发出工作指令，那一天将比想象中来得更快。现在，机器人技术正如40年前的计算机技术一样，经历着巨大变革，就像计算机从数据中心的大型主机变成人们手中的便携设备一样，机器人技术也逐渐从工厂车间拓展到仓库、医院、餐厅、商店和其他应用场景。而人工智能技术的加入对这一变革至关重要，我们正在推动物理机器人技术的数字化转型，使自动化操作更智能、更高效、更适用，同时让操作更简单。

为什么会发生这种转变？因为全球企业都在应对几大趋势所引发的客户需求变化：产品种类越来越多，生命周期越来越短，消费者需求更加个性化。这就要求制造业积极创新以满足客户需求。与此同时，人口老龄化导致劳动力短缺，并且人们不再愿意从事我刚才提到的那些枯燥、脏乱和危险的工作。制造业越来越多地由机器学习驱动，同时通过人工智能技术，我们不断开发出新的数字化解决方案，来帮助制造业企业改善运营。“不确定性”是我们都很熟悉的局面，即使在新冠疫情暴发前，贸易冲突、政治不确定性和自然灾害都对全球制造业产生了影响，这就要求企业在流程设置和经营性资产管理方面，具有更大的灵活性。

我们应对这些关键趋势的方法，就是开发自动化解决方案，最终创造四类关键价值，即：提高生产效率、提升产品质量、改善生产柔性和简化操作流程。如今，生产柔性和操作简便性对客户来说变得越来越重要。但对所有人来说，可持续性仍是重中之重，这意味着减少浪费、降低能源消耗，为整个社会创造福祉。可持续发展的理念正在推动这些关键趋势发生转变，同时也影响着我们为客户提供的产品和服务，这些因素共同引导着我们的技术方向和发展目标。在接下来的十年中，我们将充分利用机器人和人工智能的力量，推动新的经济领域实现可持续增长，打造更富成效、更安全、更健康、更有效率的工作环境。为了实现这一目标，我们将专注于四个关键领域，即机器人的自主性、可移动性、视觉和传感能力以及软件技术。

如今，我们的机器人正在代替人类从事某些人们不愿意做的脏乱、困难或重复性的工作，并且表现出色。下一步我们将把人工智能技术集成到复杂的硬件中，通过提高产量和质量来提升效率。人工智能降低了生产成本，缩短了调试时间，使操作更简单，它将自动化技术扩展到更广泛的应用领域。在这一过程中，我们提升了人机协作和人类指挥机器人工作的可行性，同时让人类可以从事更有价值的工作。智能机器人将使企业能够灵活、高效地应对各大趋势带来的挑战和机遇。

我们在以下三个领域通过运用人工智能技术，使机器人更加智能。

首先是视觉和传感领域，人工智能机器人可以更快速、更准确、更高效地完成质量检测工作。在我们的案例中，人工智能机器人可以对测试原件的3D图像进行数据采集和全面分析。这样人工智能机器人将质量检测的速度提升了10倍，而且更加准确，可以识别最小20微米的缺陷。人工智能视觉也是自主导引的驱动技术，是机器人研发的下一目标，它可以使机器人根据需要自行移动，在工作场所实现自主引导。再如，在建筑领域的电梯安装过程，原本电梯安装人员通常需要在高空中狭窄的空间内作业，比如在混凝土电梯井中钻孔，但人工智能机器人可让安装人员摆脱此类危险的工作环境。机器人在竖井里上下移动，通过扫描墙壁以确定墙体中是否藏有钢筋，并在正确的位置钻孔以便固定电梯。人工智能使机器人能够在不断变化的环境中工作，使工作更快速，更安全，更高效。

人工智能的第二个应用领域，是增强自主性和移动性，让机器人能够处理更复杂的任务。深度学习可以让机器人对处于不同复杂背景的对象进行检测和定位。在汽车装配领域，当车身在移动的过程中，在产线旁的机器人可以精确地完成汽车组装任务。也就是说，人们无需继续从事这类重复繁杂的工作，继而避免由此导致的工作损伤。

在第三个应用领域中，我们将前两个领域中机器人具备的技能与强化学习相结合，指导机器人在不受控的环境中工作，这可能意味着机器人将用于一个完全陌生的场景，或者直接与人并肩工作。通过模拟，软件可在离线或单机状态下快速学习，甚至不需要机器人实际执行任务。通过将数字技术和真实应用相结合，创造更智能的解决方案。这些技术的结合，为我们在制造领域之外的其他动态和不受控的环境中实现自动化提供了可能。例如，在仓库中打包时，机器人可以更敏锐地识别不同的物体。

我们还可以对这个功能进行扩展，让机器人从某个高速运行的容器中，快速识别并拾取不同物体。无论是橡皮鸭，还是巧克力，都能准确拾取。可能大家认为这一切都还只停留在理论层面。但事实上，人工智能机器人已经能够在真实的不受控环境中工作。我们的机器人在天津港正是承担着港口配送流程中的最后一项工作，实现人工作业自动化升级。自动起重机将集装箱吊到拖车上以后，机器人会将其锁定在车辆上，在作业中会遇到几百个扭锁。利用人工智能技术，机器人能够学习它所遇到的各种锁具，从而在拖车到达时正确识别，并在没有人工指令的情况下完成操作。

对我来说，这只是开始。畅想未来，可以预见人们的工作将离不开机器人，它为人们提供协助，与人并肩工作，就像今天的电脑或手机一样，在工作场所中无处不在。我相信，与40多年前开启的计算机时代相比，机器人将为社会带来更多益处，人工智能机器人技术不仅存在于未来，它也已经出现，现实世界和数字世界真正开始融合。

机器人技术和人工智能相结合，有助于提高生产效率、减少浪费、降低生产成本，使工作更安全、更富成效，对于应对全球关键趋势的挑战和造福社会至关重要。这种结合对所有行业都是必要的，而不仅仅是制造业。据说，到2030年人工智能将通过图灵测试，使机器能够完全自然地与人类互动。今天，我们尝试利用这种可能创造机器人，让机器人支持并改善各行各业的工作内容。而接下来的十年，将成为真正意义上变革的十年。

AI+按下产业数字化快进键

李 强

腾讯公司副总裁兼智慧工业和服务业总裁

现任腾讯公司副总裁兼智慧工业和服务业总裁，致力于运用最新的数字技术，充分结合本地市场的行业需求，帮助企业实现业务成长、业务创新和转型升级。
现为第十三届上海市政协委员。2020年，受聘担任重庆市市长国际经济顾问。

随着产业互联网的快速发展，越来越多的企业需要充分利用数字化技术获得增长新动力，但是整体的投入还远远不够。这是一组数据，2020年埃森哲对中国9个传统行业、数百家企业进行的访谈，访谈主要关注数字化转型以及疫情期间这些企业的应对表现。数据显示仅有11%的传统企业在数字化转型方面取得不错成就，成为转型的领军者，并且在经历疫情冲击后，这11%的领军者仍表现出色：即便在2020年艰难的一年，也仍有74%的领军者实现了业务的正向增长，而其他的企业只有一半实现了业务正向增长。

在2020年一季度疫情最严重的时期，这些转型领军者企业的平均利润率依然达到了16%。数据同样告诉我们，9个行业中所有被调查的传统企业，都决定在未来一两年大幅度增加数字化转型的投入，从最低的4%到最高的27%，涵盖物流、传统零售、医药

中国产业数字化的广阔成长空间

等行业。

毫无疑问，中国数字产业拥有广阔的成长空间。面对如此广阔的成长空间，以人工智能为抓手，推动中国产业数字化的转型升级，无疑是最佳的切入点。中国独特的产业格局也为“人工智能+产业”提供了战略优势，集中体现在两个方面。

第一个优势在数据方面，随着移动互联网和5G蓬勃发展，过去十几年中我们不仅在消费端积累了海量的数据，工业侧数据同样大幅增长。根据IDC的预测，到2025年中国新增数据将占全球数据总量的27%，超过美国10个百分点。

第二个优势在类别方面，今天中国是唯一拥有联合国产业分类中全部工业门类的国家，在汽车、计算机等220个工业门类上，我们产量居全球第一。过去数十年，中国高校培养了过亿的科技背景专业人才，我们相信在庞大的人才支持之下，在全门类工业领域庞大的数据支撑下，中国的人工智能拥有更为多样化的应用场景，这两项优势将会支持中国走出独特的产业数字化之路。一方面，企业依然需要以自己为主体加速数字化转型；另外一方面，中国政府正在积极推动数字化转型，是全球最支持推动新科技应用的政府，本次大会的盛大举办就是一个很好的证明。所以人工智能很快将会成为基础设施，我们也希望能够推动人工智能在产业数字化的应用进程。

作为领先的互联网企业，腾讯具有丰富的人工智能应用场景，以及从基础前沿研究到产业应用探索的人工智能研发体系，为文旅、汽车、教育、医疗、能源等众多行业提供200多种人工智能应用解决方案。腾讯在上海“AI+产业”的案例中，有两个值得关注。

第一个案例是中国商飞。大飞机是国之重器，中国商飞承载着大飞机制造的重要使命。众所周知，飞机制造是高度复杂、高度智能的产业，对质量安全有极其严格要求。飞机制造会大量使用复合型材料，而复合型材料的检测也极其复杂，需要通过超声波扫描复合材料内部可能出现的断层、裂缝、气孔等。通常复合型材料部件的检测需要多名高级技师耗时数小时，并且制造大量对比检测样本才能够完成，耗时，耗力，耗材。通过与商飞共建AI辅助检测云系统，基于计算机视觉、图像识别等人工智能技术，能将复合材料检测时间从4小时缩短到5分钟，时间成本降幅达98%，材料成本节省92%，人工成本节省95%。此外，计算机对图片识别的能力超过了人眼，那些人眼难以识别的细微缺陷也能被识别出来，缺陷的检出率大幅度提升到99%。

第二个案例是上海进博会。为确保进博会期间的用电安全以及指挥调度系统的高效稳定运行，我们与国网上海电力共建了全景智慧供电保障系统，打通了30多个系统的数据，基于大数据、图像识别、知识图谱等人工智能技术，在10平方公里的核心保电区，以3D的方式实现了一比一的场景还原。结合AI语音交互来服务报修和后续服务，极大提升了进博会用电、保电、调度的安全性和稳定性。接下来，我们将结合无人机技术在更大范围内为所有的输变电线网络进行智能化巡检。在很多应用场景之下，传统方式中需要10小时的检修，依托智能化巡检可在30分钟内完成。

过去几年，我们看到了中国人工智能蓬勃发展，并取得了辉煌的成就，但是过去一两年我们也看到了有些泡沫在产生。比如，一些人工智能的应用场景过于单一，越来越多的人开始怀疑人工智能的前景如何。但是我们始终坚持长期主义，坚持先进科技基础研究与产业应用并举，坚持以人工智能推动产业数字化，坚持以科技服务实体经济，坚持“科技向善”。

AI+医疗，引领数字医疗新趋势

王　磊　　阿斯利康全球执行副总裁、国际业务总裁及中国总裁

现任阿斯利康全球执行副总裁、国际业务总裁及中国总裁，全面负责中国、其他亚洲国家、澳大利亚等市场的整体战略及业务增长。于2013年3月加入阿斯利康中国，担任消化、呼吸和麻醉业务部副总裁，并于2014年升任阿斯利康中国总裁。2017年1月，升任阿斯利康全球执行副总裁。

从全球到中国，近年来人工智能在医疗领域的应用不断进步。新冠疫情暴发以来，医药行业和科技行业在人工智能市场的投入也在持续扩大，预计2025年整个市场规模有望超过340亿美元。人工智能在成像、病理诊断、疾病管理、预诊分析等方面为患者带来了极大的帮助。

目前人工智能已经贯穿了阿斯利康全部产业流程。在药物研发阶段，人工智能在分子结构预测、真实世界研究、多语言翻译等领域都有非常重要的应用；在生产方面，人工智能可以用于智慧生产、智慧物流以及智能品质检测；在全病程管理方面，通过打造一个涵盖筛查、辅助诊断、规范治疗、智慧随访、康复等各环节的全病程解决方案，人工智能应用可使其中的每一个阶段都提高效率，提升患者的最终受益水平。

具体而言，在早期研发阶段，我们当前已经在全球范围内开

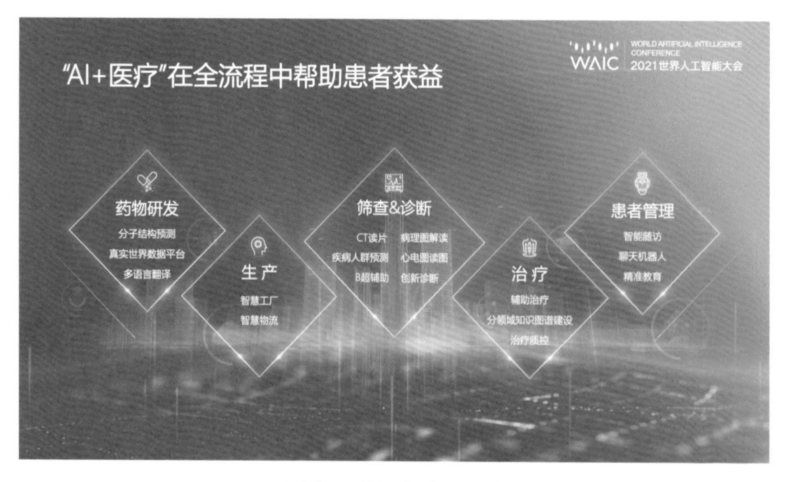

"AI+医疗"赋能患者全病程管理

展了疾病数据库与生物医药知识图谱的结合探索，以发现潜在的药物靶点。最近基于人工智能技术，我们就和合作伙伴共同获得了一个针对慢性肾病治疗的药物靶点。

在新药研发方面，人工智能和化工自动化的结合应用使得原本需要数个月的分子筛选工作，现在只需要数周便可完成，而且无需人工干预。我们在哥德堡研发中心成立的AI创新研究实验室，是一个由人工智能驱动的实现全自动设计、制造、测试、分析和循环模型的实验室。当然，还需要一些时间才能让这个项目变得更加成熟完善。

在临床研究方面，人工智能也能辅助患者的分类。目前我们正在全球范围尝试利用智能筛选手段更精确地招募患者入组参与临床研究。人工智能还提高了临床实验用药的需求预测水平，降低了全球范围内与阿斯利康合作的1 900余家临床研究中心的药物成本。

在中国，我们正在积极与国内领先科研院校合作，开展真实世界数据计划，探索依靠机器学习的方法，更加准确、高效地汇总患者治疗的效果。作为一家本土化的跨国药企，我们重新确定自己作为传统生物制药企业的定位，正在从传统的药品供应商转型为一家向患者提供全病程解决方案的平台企业。我们也在中国积极寻找技术合作伙伴，使他们的技术能应用于全病程的各个阶段。过去一年我们取得了以下成果：

在研发领域，人工智能辅助患者筛选可基于自然语言处理识别系统，快速识别锁定符合入组条件的病例，并利用动态指标为项目管理计划制定筛选强度。

在慢病领域，慢阻肺是我国主要的呼吸慢病之一，也是我们重点关注的领域。我们正在和合作伙伴探索建立急性加重期的慢阻肺急性发作预测模型和院外监测模型。这同样可以用于儿童哮喘预警，向家长提醒患儿急性哮喘发作的可能。另外我们还通过CT影像的人工智能来进行慢阻肺的早筛和辅助诊断，使肺癌的筛查事半功倍。

在心血管代谢和肾脏病领域，我们正在探索“三高”共管的数字疗法。基于机器学习训练数据，“三高”患者通过生理指标监测仪器把相关数据传到云端，由智能管理系统对数据进行分析和预警，为患者提供药物以外的指导和帮助。

最后就是在肿瘤领域的应用，我们将人工智能技术运用于CT读片、病理解读、治疗质控、患者随访及聊天机器人等领域，尤其围绕AI病理和影像开发了针对肺癌、乳腺癌、前列腺癌的辅助诊断系统。人工智能的辅助能有效帮助基层医疗单位尽早发现病变。

上海是人工智能发展高地，也是阿斯利康探索人工智能的重要基地。在这里，我们正与整个生态圈探索医疗场景的开发和落地，利用产业集聚的优势，让人工智能医疗行业实践真正落地以覆盖更多的患者，并和政府、资本、产业合作，一起通过融合全球创新力量，助力上海打造人工智能世界级的产业集群。

AI开启数字时代的制造业新未来

董明珠

珠海格力电器股份有限公司董事长兼总裁

现任珠海格力电器股份有限公司董事长兼总裁。连任第十届、十一届、十二届和十三届全国人大代表，任全国妇联第十届、十一届、十二届执委会委员，联合国“城市可持续发展宣传大使”，联合国开发计划署“可持续发展顾问委员会”首届轮值主席等职务。

我来自制造行业，我们和人工智能的关系开始于2016年。那年，我们引进数字化手段实现所谓的“黑灯工厂”，也就是无人化的工厂。这里最重要的、离不开的就是数字化，数字化的建设实现了全线覆盖的无人操作，其中最大的改变是对精度、质量、效率的颠覆性变化。“黑灯工厂”的运行，使得原来要上万人的工厂，现在只要一千多人。

过去大家认为工业是传统产业，没有任何先进性，而互联网是一个现代性的产业。但是我们通过融合包括人工智能在内的先进信息技术，利用互联网推动了工业制造的发展。

下图可以看到数字技术给格力电器带来的变革。在这整个生产流程当中，从物料进厂、成品入库，再到走向市场，全产业链

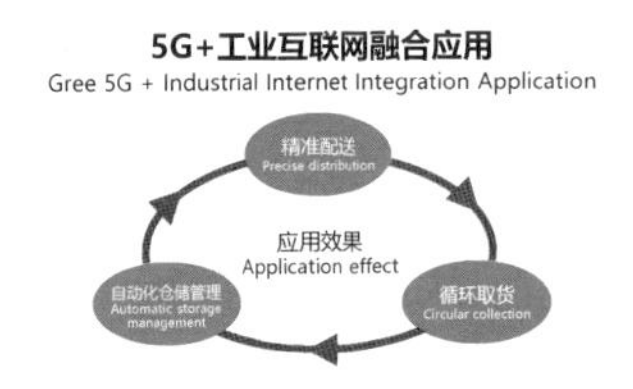

格力5G+工业互联网融合应用

实现了智能化。通过这样的智能化进程，我们实现了从过去10万人企业只做800亿产值，到今天2 000亿产值只需要8万人的变革。在这个结构的变化中，人员结构发生了根本性的变化。在初期，我们的研发人员只有800人，而现在研发人员达到了16 000人。目前我们已经拥有16个研究院、1 000多个实验室，这些都支撑了格力电器在工业自动化时代的优质发展。

我认为在智能化、数字化的时代，制造、产品都实现了量的突破，而且带来了生活的改变。现在智能化产品已经能实现人与物的交流、物与物的交流，我想这对制造业来讲已带来了如虎添翼的效果。

这里还有更多值得探讨的话题，例如数字技术助力实现“双碳目标”。当前，空调耗电已达到了全国用电量的15%。针对这个问题，我们在数字化技术赋能下，基于9年的时间积累，研发了“零碳源”技术。根据全球制冷技术创新大赛组委会测算，“零碳源”技术实现后，与传统技术相比，碳排放量能降低80%以上；如果“零碳源”技术在全球得到普及，能够使全球气温降低0.5℃。这里一方面体现的是社会效应，另一个方面也节约了运用成本。传统技术的空调会产生100万元的电费，在使用新技术后只有20万元。其背后是大数据时代我们将新能源技术和空调储能结合起来的一个运用。这也就是数字赋能给我们带来的变革，提高了传统企业研发及应用技术的能力。所以，在这个过程当中，我认为新的数字时代不是不属于我们传统企业，而是只有跟传统企业完美的结合，才能实现真正的数字时代。

“创新科技助力打造‘人与自然生命的共同体’”，正是我们提出的。格力电器成立三十周年，我代表传统制造业站在这里想和大家分享的是，在这个新的时代，我们每一个人都要跟上这个时代的步伐。数字化涵盖了各种领域的需要，不仅可用于智能交通等显见的领域，也可用于我们工业领域中。如果工业用数字化来改变的话，那会迎来更大的腾飞，而且更能满足我们对技术革命和创新的需要。我想和大家分享的是，在数字化时代，中国制造业一定能让世界爱上“中国造”。

AI赋能下的“碳达峰”和“碳中和”

任克英 美银证券亚太区企业及投资银行主席兼中国区主席

现任美银证券亚太区企业及投资银行主席兼中国区主席，是中国最有经验的银行家之一，拥有超过20年的行业经验。领导美银证券亚太区投资银行和企业融资部拓展亚洲客户并加强业务联系，领导美银证券亚太区发展并为客户提供优质的项目服务。同时领导制订美银证券中国业务的战略方向，增强与政府部门、金融机构及新型经济企业的沟通，进而推动美银证券的在华发展。

经过过去几十年科学技术突飞猛进式的发展，人工智能现已触手可及，成为推动下一轮科技革命的关键力量。目前人工智能已经在各个领域开始进行广泛的应用。在“碳达峰”“碳中和”这项宏大而艰巨的系统工程中，人工智能将发挥无与伦比的作用。根据美国波士顿咨询公司的预测，到2030年，利用人工智能控制气候有助于减少26亿～53亿吨的碳排放，占温室气体排放总量的5%～10%。

人工智能可以从哪些方面赋能“碳达峰”和“碳中和”呢？

首先，人工智能助力我们建设共同的数字基础设施，赋能各行各业降低成本增加效率。随着近年来技术的发展和算力的提升，人工智能对海量数据的积累、集成、分析，使我们能够测量、计算每项活动的碳排放量，从而广泛应用到工业、农业、交通运输、能源和消费等多个领域，优化应用场景的全链条，为各行各业提升运营效率，节能减排。例如，在发电和供热领域，这个行业目前占全球大约25%的温室气体排放量，以风电、光伏为代表的新能源正在扮演越来越重要的角色。人工智能通过数据分析与智能预测，为风电和光伏有效解决风速、风向、日照等自然环境因素的制约问题，实现降本增效，从而驱动发电和供热领域走向低碳排放。又如，在交通运输领域，这个行业目前占全球14%～16%的温室气体排放量，是降低碳排放的重要领域。目前各国都在大力发展新能源汽车，每回收1吨锂电池即可以减少5吨在开发和提炼原材料时产生的二氧化碳。同时人工智能正在被广泛应用于自动驾驶和城市智慧道路的试验中，而这两者都将是推动新能源汽车持续普及的关键能力。

第二，人工智能为生态环保和环境监测提供智慧解决方案。除了以提升各行各业运营效率的方式来降低碳排放之外，人工智能的应用还可以通过提供多种多样的解决方案，为生态环保和环境监测赋能，实现自上而下的碳排放控制。例如，数百万年来，森林通过光合作用维持了碳的循环，但人类砍伐森林和不科学的农业耕种导致了大量温室气体被释放回大气中。通过使用人工智能技术分析卫星图像和相关数据，我们可以在大范围内快速查明发生种植破坏行为的位置，并积极采取保护行动和补救措施。

第三，人工智能可以促进绿色研发的规模化和商业化。成熟的人工智能技术是未来的“新基建”，可以有效满足各行各业对于云基础设施的需求，为新技术的研发提供包括人工智能和机器学习在内的一整套工具包，促进更多绿色科技的成功落地。特别是能源电力领域，拥有庞大的数据资源，但目前对这些数据信息的利用却非常有限。而人工智能和机器学习可以帮助预测能源需求，从而准确地调节能源生产及供应，节省不必要的多余供应。此外，为了避免设备温度过高，目前数据中心内普遍都存在过度冷却的问题，同时浪费着大量的电能，造成大量的温室气体排放。将人工智能和机器学习应用在数据中心内，可以实时根据设备冷却需求调整冷却系统的输出，从而直接减少电力的不合理使用。

当然，人工智能只是一种技术手段，最终我们能否达到既定的目标，关键还是“人”。在大自然面前，“碳达峰”和“碳中和”的目标，不是某一个机构、某一个国家、某一个领域可以独立完成的。应对气候变化是全球所有国家的共同责任和担当，需要各国紧密配合，使人工智能对“碳达峰”和“碳中和”的作用能够发挥到极致。

对此我们也充满信心。大家可能了解，目前已经有超过130个国家和地区提出了“碳中和”的时间表，习近平总书记提出“中国力争2030年前实现碳达峰、2060年前实现碳中和”，使中国在这个领域成为世界领先的国家。大家可能了解，已经有超过160家拥有70万亿美元资产的金融机构加入了净零排放金融联盟，以最迟在2050年加速向净零排放的过渡。大家可能了解，年轻人更注重环保、可持续发展，以及“碳达峰”和“碳中和”的达成。“Z世代”的年轻人来了，他们出生在1996—2016年，这一代人正在成为全球劳动力市场的中流砥柱，他们将是世界人口数量中最多的一代，达到25亿人；他们也是最富有的一代，他们的收入到2030年将会达到33万亿美元，占全球收入的27%；他们注重环保，是应对气候变化促进“碳中和”的主力军。大家可能了解，对低碳能源转型相关的投资正在加速。2004—2020年间，年度投资增长了15倍以上，2020年相关能源转型的投资达到了5 000亿美元；而跟ESG（环境、社会和公司治理）相关的基金，已经达到了2万亿美元，到2030年会增加到20万亿美元。资本正以惊人的速度助力我们人类达到“碳达峰”和“碳中和”。

最后，“碳达峰”和“碳中和”与我们每个人息息相关，倡议大家从生活点点滴滴做起，为“碳达峰”和“碳中和”贡献一份力量。想要在2060年前实现“碳中和”及将全球变暖限制在1.5℃的远大目标，我们就必须改变每个人的生活方式和生活习惯，更合理、更节制地消费。为了人类可持续性发展的长远目标，让我们共同努力。

AI技术创新与数字化转型探索

黄海清

阿里巴巴集团副总裁，
阿里云智能事业群中国区副总裁

上海交通大学高级工商管理硕士，高级经济师。专注耕耘于IT行业和云计算、大数据等产业24年。曾于2018年入选上海市领军人才培养计划，2020年获上海智慧城市建设“领军先锋”称号，兼任上海市青年联合会常委，上海市中青年知识分子联谊会人工智能专委会副会长，黄浦区政协委员，上海市信息化青年人才协会执行会长等。

人工智能是科学技术研究非常重要的方向，而科技创新是我们整个国家发展最重要的基础支撑。阿里巴巴作为一家科技公司，始终在探索人工智能领域的技术创新与应用实践。我将从基础架构、治理应用、工业应用三个方面，介绍我们在过去一年里所做的探索。

首先是基础架构层。众所周知，现在信息技术领域的“卡脖子”技术主要集中在三方面：操作系统、芯片、数据库。我们在这三块都做了很多的努力，如：正在构建一个拥有自主产权的云计算操作系统；在芯片领域，以平头哥为代表的芯片企业正在努力突破瓶颈；还有数据库领域，2020年我们打破了传统壁垒，在全球排名中取得了更好的成绩。夯实AI基础底座平台，是我们作为一家科技公司的使命，但并不是一家独行，而是我们和各位一起共同打造这个生态，代表中国力量去参与全球竞争，这也是我们的使命。

同时，我们也做了很多应用方面的探索。其中一个是“AI Earth行动计划”，目标是会同水利部、中国气象局，联合研发AI应用场景。例如，与水利部合作对中国七大流域进行治理，对乱采、乱挖、乱占、乱建等乱象进行管理和预测，以及和太湖局合作的蓝藻预测项目。又如，和中国气象局合作建设对于台风和恶劣天气的预测平台等。当前，上海正在全面推进城市数字化转型，我们也参与了其中众多项目和工程。未来我们还会用云技术、人工智能技术、大数据技术，来助力政府从管理型政府向服务型政府转型。

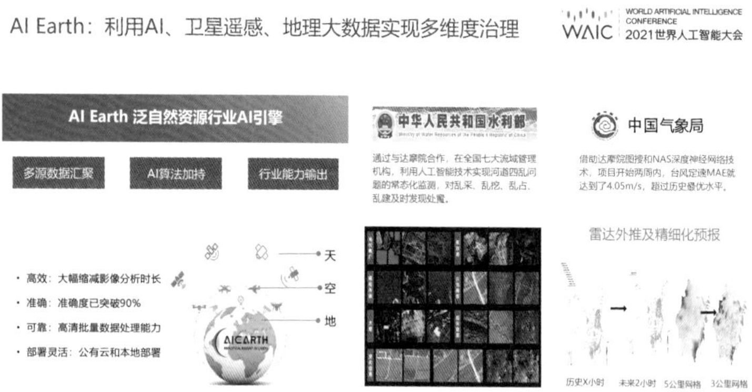

AI Earth行动计划

最后在工业版块。大家知道很多国企也都在进行数字化转型，这里不仅要有一号位的理念，同时技术也非常重要。我们基于算力、算法，为这些企业做了很多支持，例如帮助钢铁公司构建工业数字平台使实耗降低20%。但再好的科技也一定要和应用结合在一起，未来希望与大家共同探索数字化转型在工业领域的应用，打造真正的智能工厂和数字化工厂。

机器人也是人工智能非常重要的应用。疫情期间，电商的快速发展造就了物流产业的快速发展，物流快递以前是靠快递员投送，现在的机器人已经能取而代之。现在物流机器人在弱GPS和无GPS情况下，已经可以实现厘米级的定位精准度。换言之，可以实现为用户配送的时候不会送错人。我想这个技术对未来自动驾驶也好以及物流电商的发展都会带来非常大的价值。

未来人工智能的场景会服务于各行各业。未来，没有一家公司不是人工智能公司，没有一家公司不是大数据公司，没有一家公司不是互联网公司。所以未来我们希望通过技术和努力，与在座各位一起让AI赋能百业，也继续努力使各位一起牵手做更多有利于科技赋能的事情。

AI+行业融合应用的创新和探索

任 峰

英矽智能首席科学官

英矽智能首席科学官、药物研发负责人，曾任美迪西生物医药公司的生物部和化学部高级副总裁、GSK葛兰素史克公司化学总监。

李明洋

节卡机器人创始人、首席执行官

节卡机器人创始人、首席执行官。曾供职于瑞典利乐等跨国企业，并担任重要技术及管理职务。2014年至今，担任公司董事长及首席执行官，负责公司战略决策及总体运营。带领企业聚焦于新一代协作机器人与智慧工厂创新研发，致力于用人机融合智能方式重构人类生产、生活方式。

孙元浩

星环科技创始人、首席执行官

星环科技创始人、首席执行官，上海市信息化专家委员会大数据专业委员会委员，毕业于南京大学计算机系。在大数据和人工智能的行业应用领域拥有多项技术成就和多年丰富经验，曾任英特尔亚太研发有限公司数据中心软件部亚太区首席技术官。2013年创办星环科技，致力于提供企业级容器云计算、大数据和人工智能核心平台的研发和服务。

吴明辉

明略科技集团创始人、首席执行官

明略科技集团创始人、董事长兼首席执行官。于2006年创立中国最大的互联网用户行为和营销数据分析平台——“秒针”系统。2014年，创立明略科技。毕业于北京大学，获数学系学士学位、计算机软件与理论硕士学位。拥有20年软件工程开发和算法研究经验、130余项国内外发明专利、15年企业级服务领域创业经验。

AI+新药研发领域探索——任峰

作为一家专注于人工智能赋能新药研发的科技创新企业，英矽智能现在关注如何解决新药研发面临的三个痛点：靶点的发现、小分子化合物的生成和临床研究。众所周知，新药研发周期长、费用高、成功率低。通常，一个新药从早期发展一直到进入市场需要10年以上的时间，耗资20多亿美元，成功率小于10%，在5%～7%。而人工智能技术的加入会大大缩短研发周期，提高成功率。

然而，人工智能药物研发目前还在发展早期阶段，目前全球范围内还没有一个由人工智能研发的药物真正进入市场。这是由于将人工智能应用于新药研发也是近些年兴起的场景，尚没有足够的时间完成从早期立项到进入市场的药物研发全周期。所以，我们还没有办法得出在人工智能的赋能下，药物研发总体将缩短多少时间，降低多少费用。但是可以做阶段性的比较，例如，近期我们做的一款治疗肺纤维化的药物已经到临床前阶段，一般来讲，传统的药物研发从早期靶点发现到临床前大概需要四年半的时间，耗费几千万到上亿美元。使用人工智能系统后，我们的项目研发周期为一年半，总花费是280万美元。可以说在这个阶段，已经大大缩短了研发周期并降低了研发费用。

就人工智能赋能药物研发的过程而言，人工智能算法通过学习过去的海量经验——不管是成功的还是失败的——再基于这些数据进行深度学习。基于对经验数据的学习，系统可以得知哪些方案是有效的，哪些方案是无效的，进而提高做反复试验的成功率。例如，本来要反复5次才能确认有效性的实验，经过人工智能加持，反复2次就可以得知结论了，这就大大降低了研发的成本。

我认为5年之内有可能看到人工智能研发出来的新药诞生，因为现在已经有基于人工智能技术的新药研发项目陆续进入了临床阶段。由于临床试验的周期长短是比较固定的，对于这些进入临床阶段的项目，我们判断5年之内就可以迎来第一批项目的成果。人工智能也可以赋能临床试验阶段，通过优化临床方案帮助提高临床试验的成功率并缩短研发时间。

目前资本非常看好这一领域。英矽智能于2021年6月完成了2.55亿美元的C轮融资，我们将把资金利用在新药研发上，同时进一步优化人工智能体系。2021年以来，不少人工智能药物研发公司宣布完成了大额融资，这也进一步印证了资本对人工智能加速新药研发的整个趋势非常看好。

AI+机器人领域探索——李明洋

节卡机器人是一家协作机器人公司，我们希望通过人与机器人的协作来达到效率和效益的提高。“让机器人变得更简单易用”，让任何人都能使用是我们的目标。

在没有人工智能的时代，机器人行业往往是工程师在操作机器人，也就需要具备一定的水准和能力，是人在适应机器人。现在来讲，我们从事的这个行业叫“协作性机器人”，是希望每个人都能够自由使用的机器人。

“协作性机器人”的定义在1998年由通用公司提出。如果说人的工作范围是他的工作半径，那机器人也有自己的工作半径。在这两个工作半径有交集的地方，就是协同工作空间，也就是说人和机器人可以在同一个空间内工作，所以取名叫“协作机器人”。

今天更多地称之为“共融机器人”，强调人、机器人、环境三者自然交互。在有了人工智能加持之后，是机器人在适应人。不管是专业水准还是非专业水准，当人操作机器人做一个动作时，机器人已把人的意图记录成一段程序，例如咖啡机器人做商业的冲泡咖啡，这是复刻了咖啡技师的手艺，是知识的迁移。但咖啡技师并不懂如何编程，这就是用了人工智能技术对机器人赋能以后的提升。现在机器人在适应人，在揣摩用户的意图，从而变得更高效。

除了咖啡机器人，还有一个典型的工业场景是汽车制造中的变速箱。变速箱中有很多齿轮组，需要啮合得很好，这原来需要有很高技艺的技师来搭配，因为这当中涉及了手感。但是现在在人工智能赋能情况下，机器人可以很快复刻这种技艺，可以更好感知如何安装，并且装得更加贴合，精度更好，这是工业当中的典型应用案例。

再比如，很多人在用的无线蓝牙耳机，其制造过程中工序繁复。原来在用传统工业机器人的情况下，工程师需要用4个月来调试1个工序，把表面打磨得很光滑不伤耳朵。如果用人工智能的机器人，只要生产线上的1个工人和工程师配合，用3天的时间就把工序完美复刻，因为机器人适应了人的工作习惯。这样的例子数不胜数。当专业的装备变成了一个工具，而这个工具能适应你的意图时，它的应用边界会更广阔。

从全球竞争态势来看，传统机器人起步于20世纪60年代，它的成长是伴随着欧美汽车业的高速成长起来的，中国在这一块无疑是落后的。而协作机器人这个领域里，大家是同一个起跑线，某种程度上中国走在相对前列。因为中国有更多样的需求，而相较于欧美自动化程度整体更高。中国“工业2.0”“3.0”“4.0”都有，因此场景更丰富、需求更大。例如我们的协作机器人已经迭代了四代，欧美的一些同行可能只是迭代了两代，这也是得益于我们更多的场景。

当然协作机器人目前也有局限性。不管是协作机器人还是人工智能，都是由人输入然后再做。如果没有输入，就不会有输出。

即使是对人意图的模拟，无论是视觉、力觉，还是其他感知类的设备，都依赖于数据的收集。所以现在说机器人的自我智慧会战胜人类还为时过早。我们认为机器人在提高效率方面，是肯定可以战胜人的。而在创造力领域，我相信这是我们人类的固有优势——机器人再厉害，一切的发源和推动因素都属于人。

AI+基础软件赋能探索——孙元浩

星环科技是一家专注在企业级大数据基础软件开发的公司，主要提供大数据软件平台、机器学习开发工具以及分布数据库产品，专注于“新基建”中底层的数字基建。

从技术研究角度来说，星环科技一直在做底层软件研发。最近一两年我们聚焦于两个方面。一是大数据、人工智能的计算引擎和算法。具体包括算法能否自我学习、计算引擎是否能够充分发挥计算能力使性能更进一步提升等方面。因为我们感觉目前的算法还是不够快，对于想要真正实现的智能还是不够。第二，AI芯片的设计和生产。传统的芯片不太适应高强度的计算，特别是人工智能的计算，所以有不少的资金和技术人才现在都投入了AI芯片领域。这两个也是我们被“卡脖子”的领域。我们了解到，我国2021年上半年就有近万家企业注册成为芯片公司，集中在往此方向努力。所以我们认为，在算法领域三五年间会有新的突破，在芯片设计上也会很快看到突破。但是在生产制造上可能还需要十年时间。

从未来趋势的角度来说，第一，我们看到现在人工智能技术对于输入的依赖，因此数据的处理这一领域的要求会越来越高，它需要处理多种数据模型，不光有结构化的数据，还有视频影像、语音等非结构化数据。我们现在努力的方向是推出一种多模型的数据平台，可以处理十种数据模型，这样有些数据不会被扔掉，可以同时处理。第二，考虑做人工智能训练需要用到很多外部数据，通常需要综合多家数据，我们研发了联邦学习技术和隐私计算技术，在不共享数据、保证数据安全的前提下，能够实现数据之间的协作，这样能够促进算法模型精度的提高。

目前我们看到，人工智能确实推动了产业和技术的深刻变化。我列举四个行业。第一个是金融行业，金融在过去一两年当中，在证券交易领域开始用深度学习做量化交易，它带来的收益是碾压性的，可以说是非对称的打压和革命性的变化。我们看到过去一年，私募基金在非常快地应用新技术。此前在金融行业，譬如银行以及其他金融机构已经用智能技术做风控，并获得了越来越准的预测结果。这对大家贷款提供了便利，“秒放贷”、自动审批、信用贷开始兴起。

第二个是能源行业。特别是在“碳达峰”“碳中和”的政策背景下，我认为产业会发生巨大的变革。我们很多客户是传统的石油石化高耗能行业，他们感受到深刻的危机。如果不运用新技术，很可能就要被淘汰出局，企业生存都存在问题，因此他们对于新技术的使用非常急迫。在这样的背景下，人工智能技术的第一批应用已经开始。例如综合能源管理，原来企业可能是用高能耗的排放模式，现在开始借助太阳能电厂和风能，通过综合能源管理实现与电网的结合和动态调整。这样一来能够降低成本，二来能减少排放，同时也还能够预测未来的发电量，降低高耗能燃料的使用。又如在新能源汽车领域，电动车现在最大的问题是充电，因为充电时间太长而设施太少，因此有公司想到了换电的方式。但换电一方面没有国家标准，另一方面会有安全隐患。现在我们正在与合作企业尝试用大数据和人工智能技术做电池性能管理、安全管理，探索提升电池的安全性，降低安全隐患。

还有制造和交通领域，除了前面提到的流程制造行业，还有像汽车制造这类离散制造行业。我们国家冶金行业在大幅度使用大数据技术，交通行业也在大力推进智能交通以及自动驾驶。在这些领域中，我们都看到了新技术应用触发的革命性变化。而我还坚信，我们正处于产业变革的前沿，新技术可以助力整个产业实现变革。

AI+营销创新领域探索——吴明辉

明略科技是一家专注于营销智能的创新企业，近年来围绕搭建数据中台和知识图谱技术提供服务。

营销是人工智能非常好的应用场景。可以说今天人工智能技术在最近十年里应用最好的场景之一就是互联网营销。它会给我们日常生活和社会变革发展带来什么变化呢？我们都知道有很多广告投放，以前大量千人一面的广告是浪费的，如果放在互联网语境中可以认为是没有效率的。而人工智能技术可以助力每一次的广告投放，让最合适的消费者看到最想购买的产品，这就是有无人工智能的区别。另外一方面，今天我们的商业如战场一样，比如说“双11”以及“618”电商大战，有些企业在那一天都有自己的作战指挥室，就像军演一样，因为那一天可能会创造电商全年10%收入。因此，这一天就需要人工智能动态处理营销决策。是否具备这样的智能营销系统，可能会造成企业的营销额相差10%～20%，甚至更多。对于消费者而言，人工智能技术参与其中是无感知的，可能长程来讲，大家感觉看到的广告反而更少了，但是每个广告都直达人心，是有意义的。而对于企业来讲，投入产出比则变化巨大。

这里的一项核心技术就是知识图谱。我们都知道人工智能里有感知智能，也有认知智能。感知智能更多的是利用统计学习，基于大家的历史行为来做归纳。但是认知智能更像人的大脑，需要做逻辑推理。我们的技术最开始是在城市治理的公共安全领域做了很多工作。通过感知技术来识别犯罪嫌疑人的影像，认知智能则是判断，即尽管没有看到人脸，系统也可以根据逻辑判断来做推断。同样在营销场合下也是一样的，我们在非常低频购买的情况下也是基于知识图谱来做推荐而不是消费历史，这样可以推理消费者到底有可能购买什么，甚至可以推理出来消费者是给自己买电脑还是给朋友买电脑。

在保护用户隐私方面，营销领域是最早在人工智能使用数据的，所以这个领域反而是最重视数据的隐私保护和数据安全的。我本人从十年前就开始在中国广告协会和相关营销组织里参与建设数据隐私保护小组，相关组织出台了很多相关的行业自律规范。举例来说，在营销广告这个领域，大家在处理任何消费者的数据时，都不会处理能够识别出个人身份的信息，我们称之为PII（个人可标识信息)。它只会使用你各种各样的兴趣标签，但并不知道你是谁，这样就可以有效地保护消费者的隐私。

关于人工智能的未来趋势，就我本人来说，我大学期间是做图像识别和视频识别的，所以我认为人工智能发展趋势一定是朝着认知方向发展的，就像生命发展首先是有爬行动物然后再出来哺乳动物，然后才有大脑和人演变出的一些认知能力，所以人工智能技术未来一定会在各行各业有广泛的应用。

今天我们服务很多行业，其实不需要让机器人战胜人。本质上讲机器人是人的武器，是人的工具，最后很可能是“人+机器人”和另外的“人+机器人”之间的较量。所以不管是硬件的角度还是软件的角度来讲，不存在机器人打败人，而是我们如何去更好地开发和应用这个工具。

从我们自己从事的业务角度来讲，知识图谱未来在各行各业会广泛应用。从营销的角度来讲，今天更多的是在to C(面向消费者)的环境里，可以看到消费者跟商品之间的连接中有人工智能、大数据、互联网扮演重要的角色。但是未来一个企业、一个行业，甚至多个行业之间，上下游之间生产要素的重新匹配，都可以看成是一种营销。例如，企业内部的员工培训工作，不可能所有员工在入职后都能够全部学明白。因此需要因材施教，让知识在最合适、最急需的时间，主动来找员工。所以不同领域的供给和需求间的匹配，都可以称之为营销。人工智能可以帮助我们更好洞悉人的需要，达成更精准的营销。

WAIC

AI点亮福祉

AI时代——更大的机遇与更幸福的生活

孙正义

软件银行集团董事长兼首席执行官

软银集团董事长兼首席执行官。于1981年创立软银集团，其业务涉及一系列技术领域，包括先进的通信技术、互联网服务、人工智能、智能机器人、物联网和清洁能源。也是全球领先的半导体IP公司ARM公司的董事长和董事。

4年前，我们创建了软银愿景基金，致力于支持创业者持续推动信息革命。在信息革命的进程中，我们尤其支持人工智能的发展与变革。回首过去，你会发现互联网为人类改变社会提供了巨大的支持。那么互联网带来了哪些行业的变革？

有两个行业发生了根本性的转变，一个是传媒领域的广告业，另一个是因为电子商务而受到影响的零售业。在全球GDP中，1%由广告业贡献，10%由零售业贡献。而且全球零售企业有10%现在已经转型为电子商务，这相当于电子商务在全球GDP中占比为10%的10%，也就是1%，而广告业的GDP占比也是1%。这就意味着互联网改变了全球GDP的构成，包括广告业所占的1%和转为电子商务零售业所占的1%。而剩余的98%的GDP则由交通运输、医疗、金融、教育等行业所组成。随着人工智能的应用，这些行业在未来也将迎来转型。这将让整个人类社会变得更加美好，我完全相信这会让人类的生活水平迈上新的台阶。

在这个新世界里，街道上不再会发生车祸，人类的疾病能够得到治愈而寿命得以延长，不再有疑难杂症；在这个新世界里，任何人都能够接受教育，无论你贫穷还是富有，无论你生活在农村还是城市，孩子们也都将有平等的机会接受良好的教育。人们会过上更美好、更幸福的生活，人们可以享受生活，工作效率也将大幅提高。所以人工智能将提高全人类的幸福感。

每当新世界来临时，我们都需要发明创造，发明家们会发明新的产品，比如铁路、汽车、电力、电视等。他们会发明先进的技术，但这是否就足够了？答案是否定的。工业革命的到来，不只是因为发明家们的推动。发明家们的确具有创新精神，但是他们也需要资本。尤其是在技术前景不明朗，或者不确定技术能否成功的前提下，需要有人提供资本，承担投资损失的风险。

风险投资家们都清楚投资所面临的风险。软银愿景基金所投资的公司中超过90%依然还没有实现盈利，甚至仍在亏损。当然，传统银行必须要保护储户的资金安全，所以他们不敢冒险去投资那些尚未实现盈利的初创公司。但需要有人愿意去冒险，在初创公司创业的高风险阶段对其投资，这就是我们所在做的事情。为什么呢？是为了创造美好的未来，帮助人们通过创新，创造更美好、更幸福的生活。正如我前面所说的，使马路上不再有交通事故，人们不再受到病痛的折磨，可以接受更好的教育等。

所以，未来我想继续支持出色的技术和优秀的创业者，他们都非常聪明且具有创新精神，并且都有着光明的前景。我愿意承担风险、分担风险，与他们一同创造美好的愿景，这就是我创建愿景基金的初衷：为了共同的愿景，共担风险，实现美好的未来。我也想在此承诺，我们将继续与创业者合作，通过创新为全世界创造更美好、更幸福的生活。

AI变革——生活场景与消费模式

沈南鹏

**红杉资本全球执行合伙人，
红杉资本中国基金创始及执行合伙人**

《福布斯》杂志2012—2020各年度“全球最佳创投人”榜单中排名最高的华人投资者，入选《财富》杂志2015—2020各年度“中国最具影响力的50位商界领袖”和“中国最具影响力的30位投资人”、《福布斯》杂志“百位全球最伟大商业思想家”等多个榜单。

红杉中国多年以来参与并见证、陪伴了诸多伟大企业的诞生和成长，其中包括一批成功的人工智能技术和应用的企业。在这样一个全球瞩目的人工智能开放交流平台，我想从人工智能技术的应用落地，特别是在生活领域中消费模式的改变出发，分享一些我对人工智能行业最新发展的看法。

相对于算力增长，生活场景下的数据挖掘还有很大的提升空间。如果把“算力水平”和“应用场景”形象地比作人工智能在生活领域的两条腿，我们可以清晰地看到，“算力”这条腿很长、很粗壮，并呈指数级增长。2020年最大的深度学习模型的参数是千亿级别，2021年年初就已经达到了万亿级别。但是“应用场景”这条腿相对而言，仍较短、较细弱，还处于线性增长中，还有大量的吃、穿、住、行以及线上线下的细分场景有待开拓，生活场景中的数据挖掘还有很大的提升空间。

首先，在过去的一段时间里，我们在“AI+居家”领域发现了一些有意思的智能产品的新应用场景。比如疫情导致大家减少了外出和使用公共健身设施，从而产生了居家健身的需求。例如，健身镜能以个性化算法来推荐各种训练的计划和课程，让人们在家就能够拥有一个最了解自己的贴身健身教练。另外在智能家庭生活领域，人工智能赋能的扫拖一体机器人不仅会模拟人手对卫生死角的重点关照，还可以通过智能感知自动清洗拖布，比传统的扫地机器人上了一个台阶。这么看来，人工智能与居家生活结合得越紧密，应用的生活场景挖掘得越多，人工智能的产业价值就越大。

其次，理解消费者情绪的服务型人工智能有望改善未来的交互体验。大家在国内的酒店、餐厅和办公楼里经常看到服务机器人的身影。现在的人工智能还无法完全读懂消费者的表情、语音、语调、肢体语言等包含的情绪，这导致在很多需要人性化沟通的服务场景中（比如业务投诉中的人工智能客服，社交、护理场景中的人工智能陪伴），用户会对人工智能产生拒斥感和不信任感。为了实现更好的人机交互效果，需要挖掘人工智能在情感计算方面的大量潜在应用。例如在社区养老的特定场景下，会衍生出很多定制化的、对环境感知要求更灵敏的人工智能产品。现在越来越多的社区养老服务企业也在探索如何嵌入更多人性化的智能感知服务，为社区提供更优质和舒适的养老服务体验。通过借助智能化的检测设备，实现及时的检测、智能的诊断，并以“护理站+社区托养机构”模式，人性化地构建居家老人和社区护理需求的对接，为辖区内的老人提供个性化医疗康复护理服务。

第三，人工智能为解决“看病难”带来了更多的可能性。目前人工智能在医疗领域较为成熟的应用莫过于医疗影像辅助诊断，而其他应用，例如在线问诊、健康管理等，可以说还处在积极探索期。“AI+医疗”带来的诸多可能性，为老百姓“看病难”这一问题的解决带来了广阔的想象空间，也激发了投身医疗人工智能的创业者、医疗人工智能行业的研究者们前赴后继，可以预见这将是未来人工智能在应用层面的一个重要方向。在医疗影像领域，AI诊断可以将医生原本耗时数十分钟的专项诊断压缩到2～3分钟，心脑血管CT诊断、肝脏核磁诊断等方面人工智能产品已经在大量医院得到了应用。在2020年武汉疫情最紧急的时刻，基于人工智能的肺炎筛查系统，很好地辅助了当地医生，更精准地完成新冠肺炎的评估、诊断，并且中国把这条成功的经验输出到海外。

我非常期待能够看到未来有更多让看病不再那么难的产品出现。值得一提的是，人工智能在药物研发领域也有了进展，无论是新靶点的发现，还是在晶体制剂领域的应用。可能多年以后，人工智能能力将是每一家大药企都必须具备的。

其实，今天我们所谈及的“AI+居家”“AI+养老”“AI+医疗”，这些跟老百姓紧密相关的生活场景，都是人工智能发展的重要领域。让我们一起期待未来更多的AI能够赋能生活，一起去感受AI对我们生活幸福感的提升。

对于上海来说，每一年在上海举办的世界人工智能大会都令人印象深刻，我们可以通过这一平台了解全球最前沿的人工智能新态势，也让更多的人工智能创业者和投资者发现上海这座城市在人工智能领域的创新探索，还可以看到越来越多的新科技、新产品、新理念在上海首发首秀。

从2020年开始，上海发布了一系列支持城市数字化转型的重磅政策，有力推动了人工智能技术在数字化转型中的应用和拓展，产生了更多的数据互联互通，打破了更多的信息壁垒。其中最重要的，还是上海这几年不断推出人才新政，吸引各类人工智能人才来沪，留沪，扎根发展。今天，你如果走进上海众多的高新科技园，可以发现各种类型的科技人才，当然包括人工智能人才。有本土培养的，有“海归”，还有跨国公司的高管以及来自硅谷及东南亚、欧洲等世界各地的高端人才。这些都体现了上海这个城市的特征，那就是海纳百川。人才是科技发展最核心的要素之一，所以我非常看好上海的城市数字化转型，也期待上海能够创造出更加繁荣辉煌的科创生态。

AI链接——以人为中心的美好生活

邱 步

美国 A.O. 史密斯集团高级副总裁兼中国公司总裁

2020年起全面负责A.O.史密斯中国公司的战略和运营，致力于传承A.O.史密斯147年商业道德，不断创新，卓越践行“盈利性增长，强调创新，维护良好声誉，好的工作场所，做好公民”的价值观。2021年，带领A.O.史密斯创新发布“AI-LiNK冷暖风水专业集成系统”，为中高端用户提供真正意义上的一站式全屋集成系统智能解决方案。

各位朋友，大家下午好。今天我演讲的主题是“构建以人为中心的美好生活”。

什么是美好生活？

美好生活一定是我们向往的，值得为之奋斗的，也希望能充分享受的快意人生。美好生活，是能和朋友们聚在一起，拼搏事业，获得成就。美好生活，是我们能和我们的家人，我们的爱人和我们的孩子在一起，共同成长，共同见证美好时光。

我们喜爱我们的家。美好的家居生活给我们带来舒适的环境，夏天凉爽，冬季温暖。美好的家居生活带给我们新鲜的水和空气。同时，我们还需要宁静，我们需要一个能思考和品味人生的地方。我们希望和爱人相互注视的时候，能够聆听彼此的心跳，感受相互的气息。我们享受美好的生活，我们也感谢这个世界。我们希望用很少的能耗，达成我们的梦想，让我们的世界变得更绿色，更美好。

过去很多年，我们都在致力于打造产品。我们在有限的空间里让电热水器能提供更多的热水，加热速度更快，外观更漂亮；燃气产品上，我们完美实现了“零等待”，热水即开即享。我们现在打开龙头，立刻就可以喝到清洁安全，而且是多种温度的水。泡茶，泡咖啡，泡牛奶，我们随心所欲。我们了解我们周边的环境，空气质量精确显示，让我们远离各种危险，让我们安心，让我们的每次呼吸都与众不同。这些顶级单品，是成百上千工程师的努力成果，我非常敬佩我们的工程师们。他们努力创新，引领行业不断前行，我也非常骄傲，是他们其中的一员。

我们做出了很多值得骄傲的好产品，然后呢？我们想把它们连接起来。信息技术、人工智能的高速发展，让我们看到了互联的新价值。但万物互联，离真正实现到底还有多远？

智能家居的概念一直非常火爆，但我们看到很多问题：无线连接的不稳定，设备之间没有深层次的互动，物联设计是基于多个设备和手机的简单连接，手机就是一个简单的遥控器。这样的智能家居价值感很低。

所以，要突破智能家居的瓶颈，首先要从寻找可靠的连接开始。以家电单品和手机的简单连接实现智能，这是异想天开。在工业领域，实现稳定可靠的互联，专业的通信协议是必不可少的。我们如果不走捷径，而是考虑把工业及商业的成熟物联方案“向下兼容”，那是有可能在家居场景中高效实现的。

工业及商业领域，楼宇自控需要很高的专业度，需要设计院，需要专业的自控工程师，需要暖通工程师，需要给排水工程师。我们要做的就是围绕家庭的特性进行小型化、集成化和定制化的改造。A.O.史密斯AI-LiNK，明确提出要通过混合连接技术，进行定制化服务，这是一个全新的方向。通过AI-LiNK打破“孤岛效应”，我们就可以开始构建新的场景。

比如我们在想，我们有了处理水和空气的产品，如果我们进一步，让它们实现底层打通，相互协同起来，流转起来，这样，我们的“风水”，不是应该更灵动，更和谐？

我们以AI-LiNK冷暖风水专业集成来做个案例，看我们能够创造哪些新价值。

首先我们来看看如何达成更舒适的温湿度。我们通过专业集成，不同的产品之间底层打通，实现了能源混动。我们有了不同温度的水，我们同时有了高温水、中温水、冷水，还有冰水。这些水在我们的空间里自由流动，创造了不同的风，凉爽的，温暖的。我们的热风可以到达房间的上部，也可以温暖我们的地面，我们的凉爽是安静的，温润的。它可以到达每个角落。突然间，那些吵闹的、干燥的、潮湿的感觉消失了，忽冷忽热，冷风吹头不见了。风和水的统一，创造出无限的可能。

通过互联，我们实现了更好的节能。能耗将通过高效的空气源热泵降到最低。同时，燃气壁挂炉的大功率，为大流量的生活热水和快速的房间升温提供了强大的保障。我们的系统不再需要24小时持续运行，我们完全可实现即开即用：需要时系统瞬间升温，满足你的需求；当您离开房间，系统自动关闭，能耗为零。通过双能源驱动，系统自动优化各种节能模式，我们能极大程度地实现能源节省。

谈到新的价值，我还想用一个大家最熟悉的场景来做说明——您的厨房。印象中，我们的厨房是一个闷热、嘈杂的地方，那么，您能想象完美的厨房是什么样呢？没有油烟机轰隆隆的噪声，没有异味，没有油烟的污染，没有高温的炙烤。

这样的新体验，靠单一设备是无法实现的，而通过设备联动，您突然拥有了一个全新的理想空间。

以上列举的种种美好生活体验，你心动吗？

在智能家居领域，系统的设计、施工、售后一直困扰着行业，可以说智能舒适家居完全是个性化的定制产品，过程中无数的不确定性，让普通的装修都劳心劳力……我们美好生活的理想，又如何成为现实？

所以我们要做的，不是简单把产品连起来，而是更进一步，深入把控设计、现场安装施工、服务、售后等诸多环节。制造商要转型为系统集成服务商。充分利用数字化工具，通过AI–LiNK的连接，让之前看不见的，都看得见！

好的系统从设计开始。通过设计，我们可以根据用户的房屋情况、当地气候情况、家庭成员的品位和生活习惯，量身定制专属方案，满足个性化需求的同时在线快速生成3D设计方案。

在系统集成领域，现场施工环节至关重要，安装人员在实际施工过程中每一细微处的作业质量都会影响到整个系统最终投入使用后的稳定性、节能效果和舒适度。特别是有很多隐蔽工程的场景，系统交付以后是否节能和稳定将存在很多的挑战。AI–LiNK全联全控的解决方案是将施工全流程透明化和标准化：把整个施工阶段分成若干个施工工序，根据每个工序过程共提炼近百个质控点，我们训练我们的施工人员，同时每个质控点都通过AI–LiNK在线由A.O.史密斯工程师全程管控，实现质量保障和过程透明可视。整个施工流程的图纸，以及所有关键时间节点、质控点，

可以追踪回看，让用户真正安心，放心，省心。

同时借助IOT，将服务在线化：系统后台实时智能监测系统内所有设备的运行情况，探测潜在风险；我们关注您的燃气安全，我们关注您的用水安全和用电安全。当检测到危险时，我们的系统会自动启动警报并自动采取相应措施。这些都由本地控制，无需借助手机，无需借助无线网络，就能提供更高等级的安全。如果用户需要，我们也会主动介入提供专业的主动服务保障。

所以AI-LiNK全联全控是从打造卓越的产品出发，不断创造价值，通过稳定的智能连接监控，把控设计施工、售后各个关键环节，给大家提供一个美好的高端居住环境。

技术创新不应只追求速度，还应追求可靠性，确保推出的每一项技术都是高品质的。这也是A.O.史密斯一直坚持的“创新”和“诚信”价值观。创造受认可的好产品，带给消费者好的体验，连接美好生活。AI-LiNK全联全控的目标就是让美好生活成为现实。

让我们一起努力，共同来实现系统集成的创新突破，为智能家居带来真正改变。谢谢大家！

人工智能发展与人类福祉未来

李学龙

上海人工智能实验室科研一部部长

现任上海人工智能实验室科研一部部长，西北工业大学学术委员会副主任委员、光电与智能研究院创始院长、首席科学家，智能交互与应用工信部重点实验室创始主任。主持国家重点研发计划，任某测绘卫星某相机分系统副主任设计师等。在计算和工程两个领域入选“全球高被引科学家”。第十三届全国青联科学技术界别主任委员，第五届、六届中国青年科技工作者协会副会长。

张成奇

IJCAI 2024 大会候任主席，悉尼科技大学副校长，
澳大利亚计算机学会人工智能理事会理事长

悉尼科技大学副校长（中国研究关系）、特聘教授，2006年初被选为澳大利亚计算机学会人工智能理事会理事长，2019年被任命为IJCAI 2024大会候任主席。到目前为止，共发表了363项研究成果。1992年，成为第一位在世界顶级人工智能期刊*Artificial Intelligence*发表论文的来自我国内地的华裔学者。

杨　强

加拿大工程院院士，微众银行首席人工智能官，香港科技大学讲席教授

加拿大工程院院士，微众银行首席人工智能官，香港科技大学讲席教授，AAAI 2021 大会主席，中国人工智能学会荣誉副理事长，香港人工智能与机器人学会（HKSAIR）理事长以及智能投研技术联盟（ITL）主席。

陶大程

澳大利亚科学院院士，新南威尔士皇家学院院士

2020年被《澳大利亚人报》列入“终身成就排行榜”。自2014年起，连续6年入选科睿唯安“全球高被引科学家”。2021年，在Guide2Research.com评选的计算机科学与电子学类“H指数最佳科学家”排行榜上，荣膺澳大利亚第三名（人工智能领域排名第一）。

吴　枫

中国科学技术大学信息与智能学部部长

现任中国科学技术大学信息与智能学部部长、类脑智能技术及应用国家工程实验室主任。长期从事网络流媒体的基础理论和关键技术研究，建立了网络流媒体的非均匀率失真理论。获2015年国家自然科学二等奖（排名第一）和2019年国家技术发明二等奖（排名第一）。

如何定义和理解“人类福祉”

李学龙：今天我们要讨论一个很宏观、全面，同时也非常精致而深刻的话题——“人工智能和人类福祉”。我们知道，人类社会发展中，每个阶段的爆发点和转折点都跟科技的重大突破关键点息息相关，如石器、青铜器、铁器，以及蒸汽机、发电机、计算机。当今是人工智能汹涌着扑面而来的一个时代，在我们去欣赏、感受、享受人工智能带给我们的裨益和便利的同时，我们有时候也有一点点偏忧，我们在想失业、偏见、人工智能伦理的问题。或者说我们好奇人工智能的安全性、可解释性等问题。请几位重量级专家为我们破题。

张成奇：任何一个新技术的出现都是“双刃剑”，关键是如何发扬好的方面，克服不好的方面。我认为，人工智能技术好的方面就是提高“人类福祉”。比如汽车发明后，大家提出汽车跑得太快容易出事故，但是我们还是感受到汽车带来的很多便利。那么人工智能也是一样的，它会有负面的影响，但是我们要努力发展它对人类有促进的一面。所以，只要对人类有帮助就能带来人类的福祉。

杨强：我很同意成奇老师的见解。我举个例子，我有学生是手机方面的专家，学生跟我说手机太棒了，手机上人工智能推荐算法为他推荐了很多他喜欢的短视频和游戏，他因此非常喜爱这个人工智能产品，这就是福祉的一个体现。但是过了一阵这个学生又说，老师我不喜欢这个手机，为什么呢？因为看手机时间太长了，就产生了颈椎病、肩周炎等健康问题。因为人工智能在一方面做得太好了，忽略了另外一些方面的需求，所以在这种下情况谈人工智能福祉，那应该是打负分的。总结一下就是，在人和机器的关系上，“福祉”是一个非常微妙的概念。

吴枫：我在网上查了一下，“福祉”有三个方面的内容和内涵。根据百度百科，第一个内涵是祥和美满的生活环境，第二个是稳定安全的社会环境，第三个是宽松开放的政策环境。现在政策环境跟人工智能距离比较远，但是人工智能确确实实给我们的生活环境和社会环境带来了非常大的改变，使我们的生活更便捷，更幸福，使我们的社会更稳定，更安全。我想人工智能从这两个方面给我们生活带来了非常大的福祉。

陶大程：我很认同几位老师的观点。从哲学角度来说，“福祉”最早可以关联到“享乐主义”，也就是生活过得爽一点；后来亚里士多德时代也谈到了“幸福主义”，就是如何去实现人的潜能，当人的潜能实现时，他就会感觉到很幸福。在人工智能时代，我觉得把人和人工智能结合起来去实现mixed intelligence，从而不断挖掘人的潜能，这就是人工智能给我们带来的福祉。

如何看待AI为人类带来的福祉

李学龙：关于福祉，我们可从两个角度去理解。第一个角度是一种整体观，它更偏向于人类的“类”的方面，更偏向于生产，比如我们会说工业、农业；第二个角度是局部观，更偏向于人类的“人”的方面，它偏向于生活，比如说居家、医疗、出行。在工业、农业、环境保护等方面，如何看待AI为人类带来的福祉？

杨强：这几个层面其实是社会的一些切片，从所有这些切片我们都可以看到科技进步带来的好处，例如以电子计算机为代表，人类在各种知识方面的进步。人工智能也无外乎是人类文明的进一步发展，只不过当前我们认为计算机可以帮助人完成很多繁琐

工作，这就大量解放了人类劳动力。那么这些繁琐的工作中到底哪些是机器应该取代，哪些是不应该取代的呢？这就有赖于机器的一种能力，即“同理心”。这意味着机器不仅要在某些方面超过人类，还要知道在哪些地方不应该超过人类，这就需要机器和人有很好的沟通。因此我觉得，我们会在工业、农业等领域不断地进步，但是如果想要人工智能变成人的助手，它就要具有理解人、跟人无间地沟通的能力，比如镶嵌的脑机芯片就是这个方面的一个发展。

吴枫：人和动物最大的差别就是人具有社会性。我们这个社会组织越来越复杂，以一个城市来讲，每天城市获取的数据都是海量的，没有任何人能够纵览所有的数据。所以我认为人工智能使我们人类社会的整个组织更有条理，更公平，更智能。而且现在还是一个初级的阶段，将来人工智能跟社会的融合方式、发展形态都是有待于我们进一步去观察的。我相信人工智能将来最终会使得我们整个社会运行得更智能，更公平，更有条理。我们每个生活在社会中的人会更幸福，更有福祉。

陶大程：当前时代带来的变化特别多，尤其是人工智能和数据的结合给我们带来的变化。很早的手机是非智能机，只能打电话、发短信；到后来有一些简单的功能，比如听音乐、照相；现在手机可以说是无所不能，拿着手机可以预定自己想吃的东西，看自己想看的电视，跟朋友随时随地交流……可以说，只要有网络，有手机，我们就能够完成一切想做的事情，变化特别大。再比如无人矿场，过去采矿是很危险的事情，今天的采矿可以通过无人车等装备做到无人化操作；过去我们需要通过爆破的方式开辟隧道，今天我们有盾构机，通过在盾构机刀片上安装大量传感器，可以使我们有效地进行隧道挖掘，并且在过程中了解地质形态变化。以及在这次疫情期间，我们也看到了无人送货的小车，看到了基于人工智能算法的疫情分析。

当然，在我们看到这些好的方面的同时，我们也遇到了很多的挑战。比如大家认为自己的数据可能被过度使用了。国家和社会层面相继也提出了很多建设性意见和管制措施，比如说欧洲的GDPR，中国的《个人信息保护法》，我觉得都特别好。好处和问题同时存在，多方面合作能够保证人工智能发展得更加健康，让人类未来能够生活得更加美好。

张成奇：大家设想一下，如果现在让大家回到十年前的状态，这些人工智能的发展成果都消失了，我们能不能习惯？如果说你不能习惯，那就证明人工智能对于提升你的福祉有帮助。举几个简单的例子说明一下。第一个例子，电塔维护保养的场景，过去需要人工攀爬，现在我们在研究机器蜘蛛来负责攀爬电塔、做检测和维修。这就是人工智能带给人类的福祉，工人没有危险了。第二个例子，大桥生锈和造船厂除锈喷漆问题。除锈喷漆的工作现场环境特别恶劣，即使戴着口罩也无法防止吸尘，只能穿着防护服。现在我们在研制机器人，让机器人替代人类去做除锈喷漆的工作，而且机器人可以夜以继日不间断去做，如此就把人类解放出来。总的来说，现在人工智能使得原本那些困难的、危险的活可以交给机器去完成，从而提高了我们人类的福祉。

人工智能在生产和生活中的联系

李学龙：我们平时试图将生产和生活分开，如工业农业视作生产，而有别于我们日常生活。这两种领域中AI应用是否存在某些联系?

杨强：今天人工智能的成就更多来自深度学习和大数据，那么我们就要问，这些大数据的来源是不是可持续的?例如，数据不是一方所独有的，它可能来自千千万万个数据源，这些数据源是否同意我们用他们的数据?我们如何把我们的成果跟他们分享?有没有合法、合规共同使用、共同建模的方法?这些问题，我们在过去一段时间都忽略掉了，而不管是在个人使用还是在生产上，这是共性问题，即有责任感地、合规地发展人工智能。我们也在保护用户隐私等方面开展相关研究，如隐私计算、联邦学习都是在往这个方向努力。

关于可信AI，有哪些是正在做或很有前景的技术

李学龙：今年的世界人工智能大会上，可信、安全、隐私可以说是热门话题。在这方面，也请各位与我们分享下哪些是我们正在做，或者很有前景的工作?

陶大程：从2020年开始，可信人工智能激起国内的特别关注。2016年当我还在澳大利亚的时候，已经开始讨论人工智能治理的问题。那个时候谈的是关于数据和安全的问题，包括系统的稳健性。我们不知道为什么要研究深度学习，为什么原来的shell structure没有深度学习好，甚至还有段时间大家在谈是不是网络要做得宽一些，那“宽”比“窄”的优势是什么？所以其实从那时起，我们就已经开始去触及这些有关可信的问题。

在2017年，我们认为可信人工智能是一个非常重要的发展方向。其实这个方向就是在欧洲、美国谈得比较早。2020年年底我回国，然后2021年在京东探索研究院，我们宣布可信人工智能是我们的重要发展方向，我们非常关注可信人工智能的基础理论。

我认为发展可信人工智能需要关注四个方面的基础能力：稳定性、可解释性、隐私保护以及公平性。通过这四个方面基础能力的建设，希望能够借此理解责任产生的机制，解决当系统出现问题时的责任划分问题。

关于稳定性，其覆盖的范围比较广，主要是去考虑系统泛化性、抗干扰、抗噪声的能力；关于公平性，当人工智能系统产生之后，不只要兼顾少数和大多数，还要公平地服务，这和算法的建设和模型的优化都有很大的关系；可解释性，指的是我们从什么角度去解释这样的模型；关于隐私保护，我们经常在说差分隐私，那么这与我们的模型的稳定性是否有关系？我们从理论上分析出来，两者在一定程度上有一定的一致性关系或者平衡关系。那么如何构建一个理论体系，未来能够建设有效的可信的框架，我认为这是非常重要的。

张成奇：我们谈人工智能的福祉问题，涉及人工智能如何为人类服务，如何尽量避免它的负面效应问题。刚才大程老师主要从技术的方面谈了想法，我认为除了技术，法律也要跟上，例如数据被倒买倒卖，这就不是技术问题，是法律的问题。又如，如果所有的汽车都实现自动驾驶了，出了车祸谁来负责任？这都是技术发展所带来的新的问题。在未来，除了技术上要努力，法律上也要跟上，大家的思维观念也要跟上发展。

举一个大家可能比较关心的案例：如果一个医生做手术，可能几千例做坏了两例，他还是一个好医生，但是如果人工智能几千例做坏一例，人类就会很担心。这个中间的解释是不是真命题？这个问题的答案其实就是大程老师提到的可信、可解释等技术手段，这些都是提供证据来判定到底是谁的责任，因为真实的医生也要根据齐全的证据链判定。

杨强：人工智能现在发展面临一个潜在危机，就是马太效应，也就是数据和模型强的会变得更强，因为它的服务变得更好会吸引更多的用户，用户多，数据就会更多，有一个正向轮回。相反，数据少和模型能力差的机构，会更大概率继续“穷”下去。那么如何防止这种情况发生？当人工智能已经遍地开花的时候再有反应已经来不及了，因此我们现在就要开始考虑人工智能治理的主题。

关于人工智能治理和开源是否有必然联系的问题，我认为有联系但不是一回事儿。开源是可以让人人都用起来，但其实不一定必须开源，因为开源的一个重要目的是安全。如果大家都用一个软件在进行沟通，那么开源就是要保证这个软件没有“后门”，最好的方法就是对所有人都是透明的。至于公平性的话，还是拥有大量数据和模型能力强的人使用开源的能力强，这一点很难避免。如果要避免这一点，就需要有一些社会规则，例如共同建模的时候一定要照顾样本数据少或建模能力弱的少数派。需要建立一种共同富裕的机制，好比在经济学模型上要建立一个税收的机制。

吴枫：我想讲讲人工智能和隐私的问题。我觉得中国有句

古话叫做“人在做，天在看”，正是因为天在看而不是人在看，所以我们就觉得有隐私。在一个技术越落后的社会，我们个人的隐私反而更有保障。而现在我们生活在到处都有传感器的世界，我们做的任何事情都通过信号传输到数据中心。当数据量变得巨大，不再由人看，而是由机器看的时候，人工智能就成为破坏隐私的罪魁祸首。关于这一点，我们在技术上也在做相应的努力，比如联邦学习、区块链等技术都可以为我们在使用人工智能技术时提供隐私保护。同时我也同意张老师的话，仅靠技术的手段是解决不了问题的，还需要法律、哲学的介入，所以要建立一套从国际上到国内到地方的法规体系。同时需要提醒的是，这只能使得数据的使用更加受保护，而人的隐私则永远开放出去了。

如何看待“AI 切断人类面对面交流”的观点

李学龙：人工智能可以帮助人类实现足不出户地处理一切，但这某种程度上切断人和人之间的交流和联系。从人类福祉的角度如何思考这个问题？

张成奇：每一个新技术都是“双刃剑”。我还是举例子来说明。第一个例子是人工智能在疫情期间的应用。我们知道疫情期间人和人之间本来是不能接触的，但人工智能反而确实帮助缓解了隔离期间人类的孤独，因为人们可以通过上网课、线上工作、聊天等方式交流。从这个角度看，人工智能并不是切断了交流，而是促进了交流。第二个例子是人工智能在养老方面的应用。现在独生子女居多，他们不能随时随地陪伴老人。那人工智能反倒可以帮助缓解老人的孤独，增进亲人之间的感情。整体上，我认为人工智能还是利大于弊。

杨强：我认为疫情是很好的例子。正因为有人工智能的提前布局，人脸识别、测温、行程码等应用可以让我们更安全便捷地出行。依托辅助生物学方面的人工智能技术，可以让核酸检测变得更快。从这些方面来讲，当人类遇到危机的时候，人工智能所起的正面作用远远大于负面因素。

吴枫：我很同意张老师关于“双刃剑”的观点。实际上人工智能是解放了人，使得人有更多属于自己的时间。关键在于人如何支配节省下来的时间，如果只是将节省下来的时间用于打游戏、看电视，那么这样的负面作用不能怪人工智能，而问题是在我们自身。

同时我还想说，越是在人工智能技术发展的时代，我们越要从具体的工作状态中解脱出来，去培养文化涵养和提升素质教育。人工智能的初心本来就是我们对人类智能的一个模拟、延伸和发展，那么理论方法、技术应用等这些本身是要用文化滋养的。

陶大程：我认为人工智能就是工具，是能够让我们生活更加美好的一种工具。工具的用途对每个人而言是不一样的。例如我手里拿着个麦克风用来扩音，但是如果这个麦克风从五楼或者十楼的高度掉下来砸到他人，那它就变成一个凶器了。另外一个角度上来说，不能绝对地说人工智能阻断了人和人之间的交流，比如它让我们沟通更随时随地了。同时对于那些有社交恐惧症的人来说，它反而是促进了交流。所以人工智能就是工具，关键问题在于谁用、如何用。

李学龙：人工智能和人类福祉是个很大的主题。某种意义上说，最终并不是技术会发展到何种阶段的问题，而是我们到底如何去接受它，和它共处。我们在关注人工智能技术的同时，还要考虑社会责任、法律责任、伦理责任、公益责任等，我们还要有相应的文化滋养，让人工智能对增进人类福祉发挥更好的作用，共建命运的共同体。

WAIC

AI探索前沿

迈向广义人工智能的三大挑战

约瑟夫·斯发基斯
(Joseph Sifakis)

2007年图灵奖得主，国际嵌入式研发中心Verimag实验室教授

Verimag实验室创始人，法国国家科学研究中心（CNRS）荣誉高级研究员，南方科技大学杰出访问教授。2007年，因在模型检测理论和应用方面的突出贡献获得图灵奖，模型检测是现在应用最广泛的系统验证技术。同时是法国科学院院士、法国工程院院士、欧洲科学院院士、美国人文与科学院院士、美国国家工程院外籍院士、中国科学院外籍院士。

今天我们探讨的主题是“从弱人工智能到强人工智能”，也就是我所说的迈向广义人工智能（broader AI）的三大挑战。

首先，较低等级的人工智能只提供了构建模块，若要达到更高等级的广义人工智能层次，机器学习技术的渐进式改进是无法做到这一点的。因此，我们可以从单一任务、单一目标、单一网域系统开始，例如从下象棋、自然语言翻译等普通智能系统，发展到反应迅速的智能系统，即通过集成多协调任务，能实现可能存在冲突的多领域目标，并在不可预测的电子机械环境中工作，比如自动驾驶汽车、智能电网和智能工厂等。

接下来我们分别讨论这三个挑战。

第一个挑战是关于神经网络的。

我们知道神经网络可以迅速区分物品之间的区别，如图中所示的猫和狗。然而，如果把函数中的数字1换成偶数、0换成奇

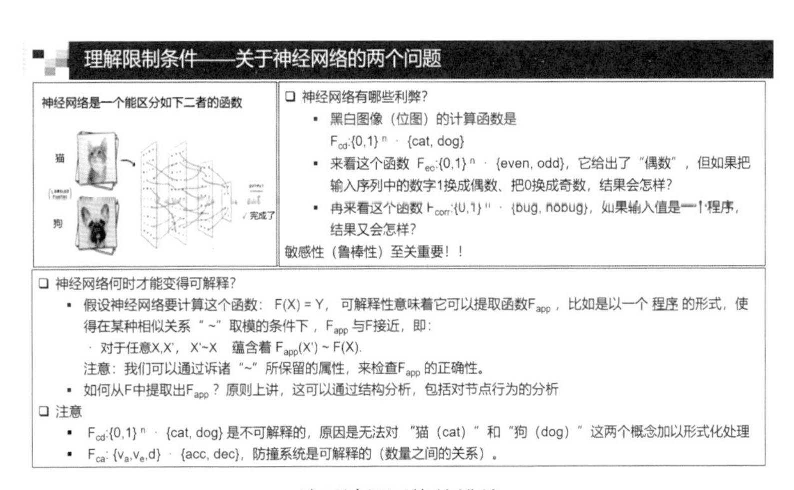

关于神经网络的挑战

数，或者将输入值从一个函数变更为程序，那么就需要确定源代码是否存在、程序的目标代码是否正确，而这些都牵涉到敏感性的问题。这个问题非常重要，因为我们知道在某些情况下，神经网络对输入数据的微小变化很敏感。

关于神经网络的另一个问题是可解释性，即我们应该对神经网络给予多少信任。为了解释神经网络，需要用一个函数来预测其行为，这个函数是一种能够从神经网络中自动提取的模型。这是最困难的一个问题，因为有些情况下我们无法实现可解释性。例如，神经网络能够区分猫和狗，但我们不能将猫和狗的概念形式化并解释这一点。

第二个挑战是人工智能要提供可信保证。虽然人工智能的可解释性很大程度上仍然是个问题，但它不应该成为障碍。这涉及三大重要问题。

首先，是构建具有效益比的可信系统，这对于工业人工智能

提供可信保证 —— 远不止可解释性

❑ 系统的关键性意味着，系统制造商需按照标准的规定向认证机构提供确凿的可信保证
- 已经被成功应用于自动化系统（比如飞行控制器）的现有方法和工具遵循的是基于模型的范例。
  由于人工智能（AI）组件的不可解释性以及系统及系统环境的高度复杂性，这些方法和工具只能“甘拜下风”。
- 可解释性仍将在很大程度上是一个未得到解决的问题。我们不能让它成为“拦路虎”！

三大重要问题：

1. 具有成本效益地利用不受信任的组件构建可信系统：开发“混合”架构，集成不受信任人工智能（AI）使能组件，将其置于在运行时具有可信保证的监控器的监督之下，进而应对危险情况并在重大情况下进行接管
2. 共生智能：将人工代理（计算效率和精度）同人类代理（创造力和感知能力）的优势相结合，可以增强可信度——这一挑战远比人机界面（HMI）更为复杂。
3. 标准、法规和接受标准的演变
   法规要求有越来越宽松的趋势，例如美国自动驾驶汽车的自我认证，但由于技术问题和公信度的持续恶化，对这种情况的接受程度可能会受到影响

提供可信保证

组件非常重要。我们知道人工智能组件具有不可解释性，但我们应该研究出如何解读这些系统的理论。开发“混合”架构，将不可解释的人工智能组件运行置于具有可信保证的监督下。目前，这样的理论已经应用了很多，但这也仍需进一步发展。

其次，是共生智能（symbiotic intelligence），将人工代理计算效率和精度方面的能力与人类代理创造力和感知力方面的优势相结合，可以增强可信度。这个挑战远超人机交互界面，并且尤其重要的是关于机器和人类之间的责任转移。

最后，是标准和法规的演变，这将会发挥重要作用。目前法规有向宽松发展的趋势，尤其是美国自动驾驶汽车的自我认证。但我认为这并不是正确做法，而且存在很大的风险。如果遇到技术问题，那么公众的信任将会持续恶化，从而导致公众对人工智能的接受程度受到影响。

第三个挑战是如何把符号性知识和非符号性知识联系起来。

我想强调的是人类在意识方面远远优于机器，因为人类思维具有可描述整个世界的语义模型。人类的理解过程结合了从感知层次到思维语义模型的自下而上的推理以及从语义模型到感知层次自上而下的推理。

举个例子，比如关于第一张照片，我可以判断这是一块被雪覆盖的标识牌，但机器没有同样的思维能力，无法识别出这是一块标识牌，因为人类可以通过结合符号性和非符号性的知识识别出标识牌。关于第二张照片中的飞机，人类很容易理解这是一场意外事故，但机器却很难得出这种判断。最后第三张照片，如果我告诉你其中有父亲和孩子，我根本不需要解释谁是父亲，谁是

将符号知识和非符号知识联系起来

想要达到人类水平的性能，系统应具备处理常识世界知识的能力，而这需要将抽象意识思维和快速思维结合起来

❑ 人类思维具备可描述整个世界的语义模型
- 习惯于解释感官信息和自然语言；
- 通过学习和推理逐步建构并自动更新；
- 用一生时间获取的庞大知识网络，囊括了概念、认知规则和模式。

❑ 人类的理解过程结合了：
- 自下而上（从感知层次到思维语义模型）推理；
- 和自上而下（从语义模型到感知层次）推理

❑ 目前存在的挑战是如何开发出能够将学习技术和推理技术（外推、类比）相结合，进而逐步构建其环境语义模型的系统——这才是最大的难题，迄今为止在自然语言语义分析方面进展甚微即为证明。

将符号知识和非符号知识联系起来的挑战

孩子，因为你有基本的常识，但机器却很难判断。因此，目前的挑战在于开发自我学习系统，使其能够将学习与推理方法结合，并逐步建立其环境的语义模型。

最后总结一下，我想引用我最喜欢的对智能的定义，它是著名心理学家让·皮亚杰提出的，“智能不是你知道的东西，而是在你不知道要怎么办的时候使用的东西”。

进展喜人，更待突破：对过去一年人工智能发展的观察

龚　克　　世界工程组织联合会主席

世界工程组织联合会（WFEO）主席，中国新一代人工智能发展战略研究院执行院长，南开大学学术委员会主任。因主持中国数字电视无线传输标准和微型技术试验卫星的研发，获国家技术发明奖和国防科技奖。

近年来，人工智能作为一个通用技术正越来越多地和实体经济相融合；与此同时，AI 正成为科学研究的一个重要工具。这些进展的背后，是AI算法的进步。过去三年间，有关算法的研究在持续发展，并且应用领域越来越广泛。在2021世界人工智能大会科学前沿全体会议上，世界工程组织联合会主席、中国新一代人工智能发展战略研究院执行院长龚克分享了他关于人工智能算法发展的看法。

龚克认为，尽管已有上述成果，但无论是深度学习体系的创新，还是多种学习方式的融合创新，或是对已有算法进行解释性增强的研究进展，具备理解能力的算法模型目前仍尚未显现。然而，算法的可解释性涉及AI系统的可理解、可靠、透明、问责等一系列可信性要求，为此，他呼吁把可解释性作为下一阶段AI算法基础研究的主攻方向。

AI加速与实体经济相融合

在2018年、2019年和2020年这三年间，我们持续地观察人工智能产业的发展，把人工智能产业主体之间在技术的输入输出、资金的输入输出和人才流动三个方面的关系连接起来，构成了一个复杂的价值网络图。可以看出，图中较大的节点连接的小点特别多，在这里面起到重要的连接作用，这些大节点都是一些主导型的企业，它们从“BAT”这样的互联网公司越来越多地过渡到实体经济行业。从这里可以观察到的是，AI作为一个通用的技术正在越来越多地和实体经济相融合。

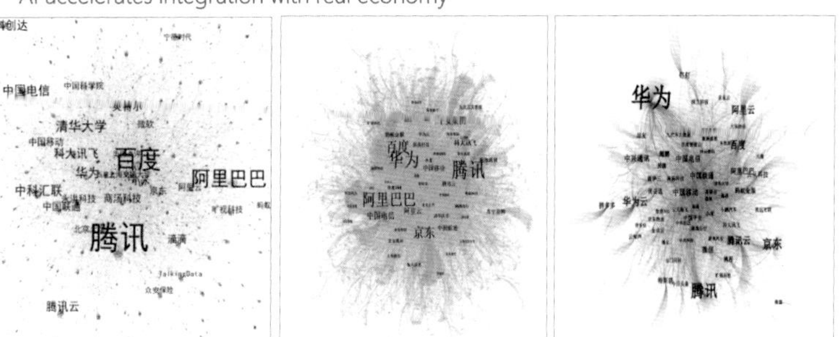

AI加速与实体经济相融合

AI成为科学研究的有力工具

另外一个观察，就是AI正在成为科学研究的一个非常重要的工具。举两个例子，一是DeepMind开发的AlphaFold 2所预测生成的蛋白质折叠三维图，这张图过去通常是要用X射线衍射仪等精密仪器测量和非常耗时耗力的计算才能做出来，现在它已经达到了最先进科学实验手段可以达到的同等水平，被《自然》(*Nature*)评价为“解决了困扰生命科学50年的问题”，是一个非常重大的进展。特别是不久前，AlphaFold 2实现了开源，引起了生命科学界的震动。

AI成为科学研究有力工具
AI becomes a powerful tool for scientific research

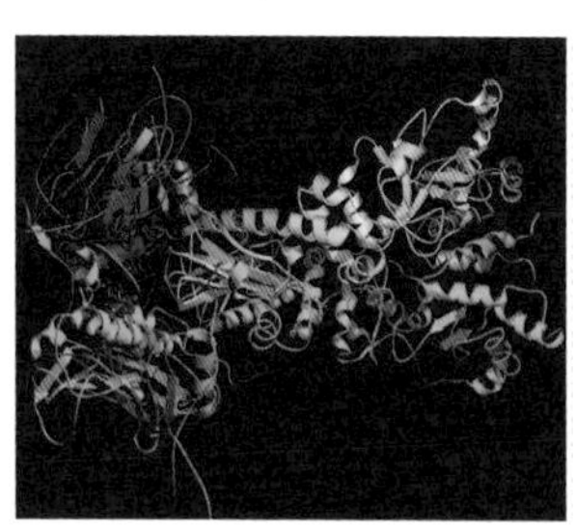

DeepMind公司AlphaFold 2预测的蛋白质结构，可与现代实验技术解析相媲美。
https://deepmind.com/blog/article/al-phafold-a-solution-to-a-50-year-old-grand-challenge-in-biology

Electron Positions　Symmetric Layers　Determinant

DeepMind 开源了 FermiNet，可近似计算薛定谔方程，在精度和准确性上都满足科研标准，为深度学习在量子化学领域的发展奠定了基础。
https://deepmind.com/blog/article/FermiNet

AI成为科学研究有力工具

第二个例子是DeepMind开源了FermiNet来解薛定谔方程。薛定谔方程因计算量大，在过去100年间一直是一个比较难解的方程，而2020年开源的FermiNet可以近似地求解薛定谔方程，为解决困扰科学界的重大问题提供了非常有力的工具。不久前，德国科学家用基于机器学习的波函数拟设方法提出了更精确的薛定谔方程的解。以上例子说明人工智能不仅存在于我们的会话和机器人的应用中，还成为了科学研究非常重要的工具。

AI算法研究持续发展

所有这些进展的背后是什么呢？是算法的进步。当我们在WOS（Web of Science）搜索“machine learning”“neural network”“deep learning”等词组可以发现，在过去三年间有关算法的研究在持续地发展，且应用领域越来越广泛。我们关心的不仅是它的应用领域是否广泛，还关心算法本身有没有重要的新进步。

怎么来观察它的进步呢？

第一，是在突破数据瓶颈方面的发展。

2017年，中国推出了《新一代人工智能发展规划》，这个规划是2017—2030年的中长期规划。当时，中国科学院的一个报告提出过人工智能面临着6个瓶颈。首先，我们这一代人工智能是大数据驱动的人工智能，数据的可获得性、质量、标注的成本等是制约人工智能发展的第一个瓶颈。

解决这个瓶颈目前有哪些重要的进展呢？非常令人高兴的是，在过去一年，已经有了比较明显的进展。以现在正在被大量使用的GPT-3预训练模型为例，这样一个大型自然语言模型的推出和开放，使得数据方面有了一个非常强大的工具，而且我个人感觉

WAIC WORLD ARTIFICIAL INTELLIGENCE CONFERENCE 2021世界人工智能大会

1. 在突破数据瓶颈方面的进展
Progress in breaking the data bottleneck

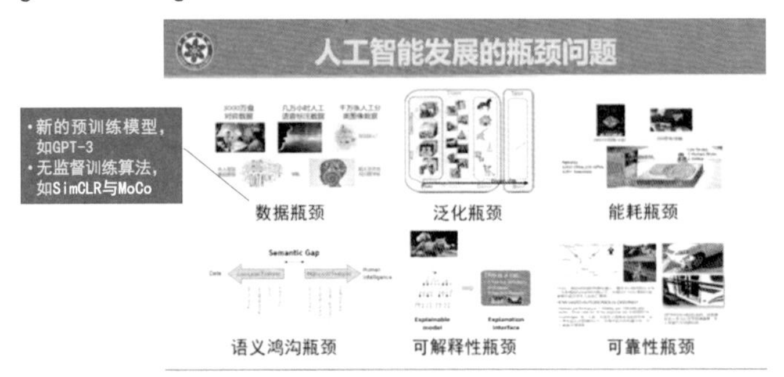

在突破数据瓶颈方面的进展

像GPT-3这样的工具不仅在自然语言方面，将来也会针对图像以及其他方面推出预训练模型。

还有一个我认为比较重要的进展，我们过去总是担心数据的质量，特别在语音方面有大量的噪声。在过去一年里，深度残差收缩网络以及基于对比学习的自监督学习模型的推出也解决了数据质量和成本的问题。具体而言，深度残差收缩网络引入了注意力机制（attention mechanism），通过注意力机制可关注到那些重要的特征，再通过软阈值函数把不重要的特征置为零，从而提高了抗噪的能力，解决了数据的质量问题。

另外，基于对比学习（contrastive learning）的无监督或自监督学习模型，缓解了现在数据标注需要大量的人力及成本的问题。这些例子代表着我们在突破数据瓶颈方面的努力已取得了令人瞩目的进展。

第二，是在突破能效瓶颈方面的发展。

人工智能的发展还有一个重要的瓶颈，就是它的能效。几年前在夏季达沃斯论坛期间有个关于AlphaGo的小型研讨会，李世石也参加了。在谈到机器人棋手与人类棋手的差别时，他认为，与机器人棋手下棋的感受不像和人类棋手下棋，没有“手谈”的感觉；此外，他还提到了棋手的能耗问题，AlphaGo的能耗是人类棋手的上千倍，人吃那点饭折算成标准煤（通常把能耗折算成标准煤来比较）是可以忽略的，但是人工智能计算机的能耗非常大。所以，我觉得能耗是AI发展的刚性约束。

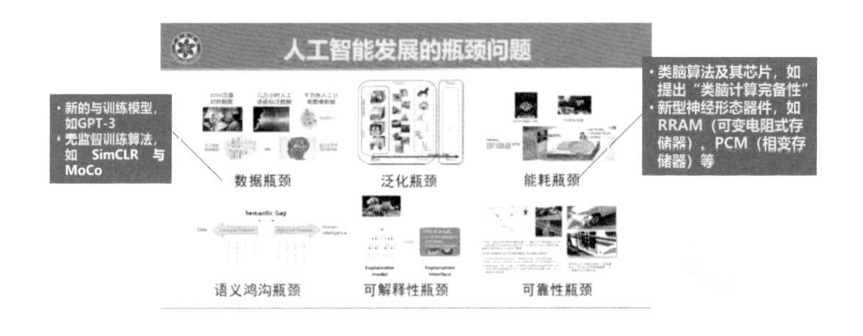

在突破能效瓶颈方面的进展

在过去一年中，突破能效的瓶颈方面也有值得关注的进展。比如说不久前，麻省理工学院、维也纳技术大学、奥地利科学与技术学院共同发布了一个自动驾驶类脑模型，这个类脑模型只用了19个神经元就实现了控制自动驾驶汽车。当我第一次看到这个模型时，觉得是不是数量级印错了，后来证实确实就只用19个神经元，而传统的深度神经网络模型则需数百万级的神经元。如果能进一步发展下去，从能效上来讲至少提高了两个数量级。

再看一个例子，2020年清华大学张悠慧团队提出的“类脑计算完备性”概念，在《自然》发表以后受到了很大的关注。从前面的例子看到，类脑计算的能效会比传统深度学习要高得多，但是类脑的计算到现在为止的发展更多地是和特定应用联系得比较密切，而且它和硬件是协同设计的，这样一来就产生了可转移性方面的困难。

“类脑计算完备性”概念的提出，使得类脑计算系统变成一个通用的平台，可以把软硬件进行一定的分离。这在通用化上前进了一大步，可使类脑的方案更广泛地应用到不同场景，对于破解类脑计算系统存在的软硬件紧耦合问题而言是一个突破性的方案。

北京大学也做了一个非常重要的工作，这个工作利用了一类新的器件——相变存储器（PCM），它的电导是具有随机性的，做成的神经网络高速训练系统有效地缓解了传统神经网络训练过程中时间长、能耗大并难以在芯片上实现的问题。这个工作2020年发表在IEDM（第66届国际电子器件大会）上，这是一个电子学方面非常重要的会议，说明我们在解决人工智能的能效瓶颈方面已经取得了一些比较令人瞩目的进展。

第三，是在突破可解释性瓶颈方面的发展。

随着人工智能的快速应用，人们对可信任的人工智能的呼声越来越高，我个人觉得要使人工智能可信任，首先要让它做到可解释，在可解释性方面如果能够突破的话，就可以突破可靠性以

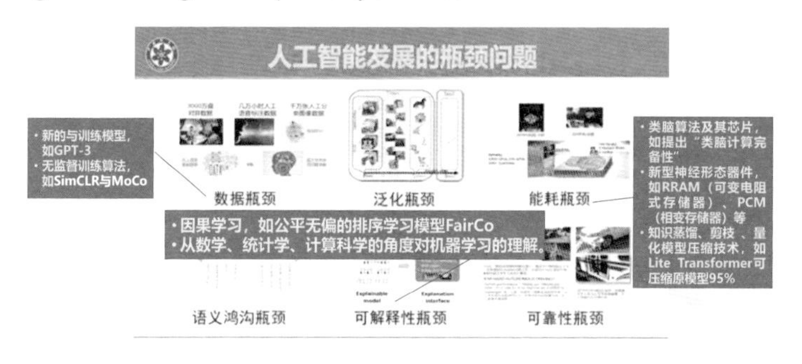

在突破可解释性瓶颈方面的进展

及可转移的问题。在这一方面，过去一年中我们看到了什么样的进展呢？

我们看到，比如说*Geometric Understanding of Deep Learning*这篇文章是发表在中国工程院办的*Engineering*杂志上，由清华大学、北京大学、哈佛大学和加州大学伯克利分校等共同完成的一项工作。它主要针对生成对抗网络（GAN），通过几何的映射找到了生成对抗网络里面的生成器和判决器之间的关系，进而找到了模型坍塌的原因，并提出了一个改进的模型。这不能说在解决可解释瓶颈上获得了突破，但却是一个非常有意义的进展，是从数学的角度解决可解释性问题的进展。

再如，2020年7月，柏林工业大学和康奈尔大学的团队夺得了SIGIR 2020最佳论文奖，题目是“关于一个公平无偏的排序系统”（*Controlling Fairness and Bias in Dynamic Learning-to-Rank*），那怎么做到无偏排序系统，这里引入了因果学习。这些年关于因果学习的研究工作很多，但是能达到这样的成就我认为是非常值得称赞的，说明我们从过去简单认识数据的相关性、关联性到如今探索它的因果性，取得了非常重要的进步，是实现可解释性的一个非常重要的途径。

但所有的这些结果，特别是在可解释方面，无论是一些新的深度学习体系的出现，还是对有关体系的融合创新所做出的努力，我个人认为，这些还未能提供一个比较系统性的、可解释和可广泛使用的深度学习模型方案，比方说对卷积神经网络（CNN）的研究有不同的研究路线，也有一定程度的进展，但还没有达到对整个机器学习这一类和数据驱动的机器学习算法这一类实现可解释。

再打个比方，用机器来辨别到图中到底是猫还是狗，现在的方法是使用标注好的测试集来证明，其准确度可以达到98%，但是我希望将来会有一个数学归纳的证明，不仅是用1，2，3……去验证算法是对的，而是对于任意的“n”和“n+1”也是对的，通过严格的数学证明可以让我们彻底相信它。

最后，我想引用霍金的话结束我今天的发言，强烈地呼吁把可解释性作为我们下一阶段AI领域基础研究的主攻方向，争取在不久的将来能够为AI的进一步广泛应用提供一个坚实的可信基础，从而实现霍金在临终前嘱咐我们的——“让人工智能造福人类及其赖以生存的家园”。

谢谢各位。

AI for Science

鄂维南

中国科学院院士，美国普林斯顿大学教授，
北京大数据研究院院长

中国科学院院士，美国普林斯顿大学数学系和应用数学研究所教授，北京大数据研究院院长，中国科学技术大学大数据学院首任院长。2003年获国际工业与应用数学联合会科拉兹奖（ICIAM Collatz Prize），2019年荣获由美国工业与应用数学学会（SIAM）和瑞士苏黎世联邦理工大学（ETH Zürich）联合授予的Peter Henrici奖，2020年获得美国计算机协会戈登·贝尔奖（ACM Gordon Bell Prize）。

“在科学研究中，我们面临的一个基本困难是对高维数据的处理能力相当有限，而机器学习为解决该问题提供了新工具。”

在2021世界人工智能大会科学前沿全体会议上，普林斯顿大学数学系和应用数学研究所教授、北京大数据研究院院长、中国科学院院士鄂维南做了题为“AI for Science”的演讲。他认为，将机器学习引入科学建模将推动科学研究从“小农经济”进入“安卓”模式；传统科学领域才是人工智能更大的主战场，AI给我们带来的不仅仅是科学研究范式的改变，也将推动传统行业的转型和升级。

我的题目是“AI for Science”，我们从科学讲起。

研究科学有两大基本目的：第一个目的是寻求基本规律，比如说行星运动的三大定律，比如说量子力学的基本方程、基本原理；第二个目的是解决实际问题，比如航空航天、生物制药等领域的实际问题。

深度学习解救维数灾难

从寻求基本规律，尤其是基本原理的角度来看，90年前，当量子力学建立以后，这个任务基本上就完成了。而这并不是彻底完成了，例如高能物理、原子核物理等领域，还有很多人在继续探讨，但是对于我们日常生活中碰到的化学、材料、生物等领域而言，量子力学就已经够了。

下图总结了科学，或者说理科和工科里面需要的最基本的规

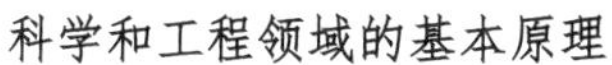

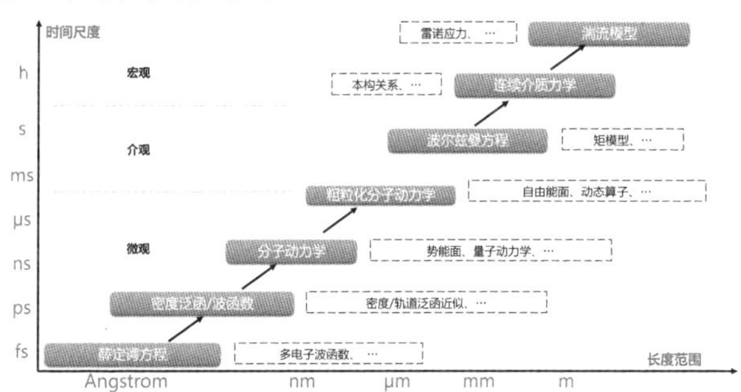

这些都是困难的*微分方程*问题！

科学和工程领域的基本原理

律：从底层的薛定谔方程，即量子力学开始，这是在凝聚态物理中用得比较多的，到材料和化学里面用得比较多的密度泛函理论以及分子动力学，再到生物、化工用得比较多的粗粒化的分子动力学，再到宏观层面的空气动力学等，这些基本规律都是以微分方程呈现的，而且都是非常困难的微分方程。

薛定谔方程就是一个典型的例子。它是量子力学的基本方程，其困难在于：波函数依赖的变量的个数，即维数，是粒子个数的3倍。假设有一个量子体系有100个电子，那么这就是一个300维的微分方程问题。100个电子的体系是非常简单的物理体系，但是300维的方程却是非常复杂的微分方程。这就是困难的根源。

人类真正的进步，是从20世纪50年代开始的。有了电子计算机，并且在此基础上发展了一系列的算法，人们才第一次大规模地实现了从基本原理出发来解决实际问题的目标——之前虽然有基本原理，但用它解决实际问题是非常困难，几乎做不到的。这些算法有一个共同的出发点：我们可以用多项式来逼近一般的函数，这本质上是牛顿告诉我们的。

这一点带来的影响非常巨大，可以说它是我们现代工业和技术赖以生存的基础。在工科领域，用计算方法来解决问题已经成了一个主要工具，但是仍然有很多问题没有得到解决，例如材料的性质与设计以及分子、药物的性质及设计等问题。基于基本原理的控制论方法也没有得到解决。造成的后果就是，从事理论、实验以及实际应用的三个团体之间差距非常大，例如，理论化学、实验化学和实际工业应用的化学，他们的场景之间差距很大。

困难在哪里？这些问题都有一个共同的根源，即所谓的“维数灾难”：他们依赖的变量太多了。随着变量个数（也就是维数）的增加，计算的复杂度呈指数级增加，这就是维数灾难。

从数学来讲，根本的困难来自：在高维情形，多项式不再是一个有效的工具。这一点正好是深度学习可以帮助我们的地方。举个例子，图像识别——这是深度学习里面最简单的例子，就是一个函数。比方说，我们来看看下面这个图像分类所代表的函数有多少个维度（自由度）。

首先，每个像素都是1个自由度，这里一共有32×32=1 024个维度；此外，颜色空间有三维，所以再乘以3，我们发现每一个图像都可以看成是3 072维空间的一个点，所以Cifar10的分类问题可以看成是寻找一个3 072维空间上的函数。这样的高维函数以前我们是根本没办法处理的。

深度学习例子I：图像识别

维数=32 x 32 x 3

= 3072

BIBDR

深度学习帮助解决“维数灾难”：以图像识别为例

第二个例子是大家都非常熟悉的AlphaGo。围棋的最佳策略实际上是一个Bellman方程的解，AlphaGo做的事情实际上是在试图解这样的Bellman方程。

这两个例子中，图像识别是一个高维的函数，而AlphaGo是解高维超大空间的Bellman方程。还可以举很多例子，它们的共同特点都是在处理高维空间的数学问题。我们能做到这一点，就是因为神经网络可以帮助我们有效地表示或者逼近高维空间的函数。刚才说到多项式不行，神经网络是一个有效的替代品，而函数是数学里最基本的工具，高等数学最基本的数学概念就是函数。所以说在最基本的层面，我们有了一个全新的、十分有效的工具，它带来的影响是巨大的。

从科学研究的角度来说，深度学习可以带来新的计算方法、新的科学模型和新的实验方法。以分子动力学为例，对既定的材料或大分子，通过其每一个原子的动态轨迹来研究这个体系，这是分子动力学方法的基本思想。它是计算化学、计算材料、计算生物学的基本工具，它的基本方程就是非常简单的牛顿方程，但是困难在于描述原子和原子之间相互作用的势函数。

怎么解决这个问题？传统的方法就是：猜！猜对了很有效，但是这个方法非常不可靠。

第二个方法是1985年提出的基于第一性原理的方法，它通过量子力学模型在线计算原子之间的相互作用力。这个方法非常可靠，但是只能处理很小的体系，一般的情况下，1 000个原子就到顶了。

现在我们有一个新的方法：量子力学基本原理只提供数据，在数据的基础上用机器学习方法提供模型，再用这个模型做分子动力学的计算。如果我们能够解决其中的技术问题的话，这就会成为一个既可靠又有效的方案。下面这个例子就是我们做的“深度势能模型”。

左上角是小分子，左下角是生物大分子，右上角是高熵合金体系，右下角是简单的金属体系。大家可以看到，这个模型对非常广泛的生物体系、化学分子和材料体系，包括复杂的高熵合金都达到了量子力学模型的精度。

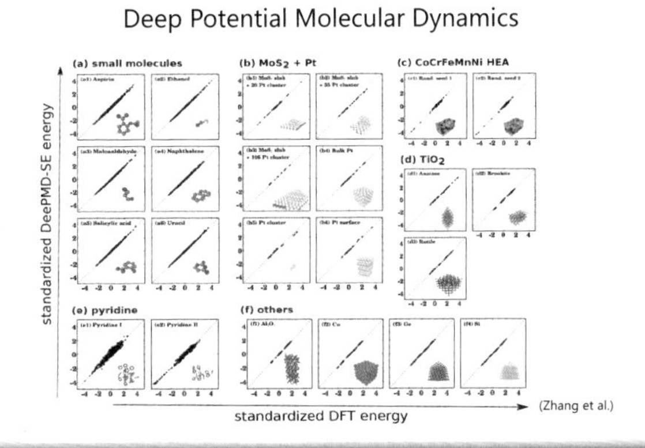

深度势能模型

2020年，在此基础上，我们把该模型和高性能计算结合在一起，把基本原理精度的分子动力学计算，从原来的可以处理1 000个原子提升到可以处理1亿个原子。这一突破让我们获得了2020年的Gordon Bell Prize（戈登·贝尔奖）。更重要的是，这让我们第一次看到，把机器学习、科学计算、高性能计算这三大最主要的工具结合在一起，可以实现多么大的突破空间！不仅是分子动力学，从量子力学到密度泛函等其他领域，同样存在这样的空间，所以机器学习带来的影响是巨大的。

科学研究从“小农经济”进入“安卓”模式

我个人认为，目前我们做科研，无论是做理论还是实验，基本上都还处在“小农经济”的模式，或作坊的模式。例如，要做一个三组分合金的模拟，必须自己先做量子力学计算，在此基础上积累数据，再去猜势能函数，然后做分子动力学计算。整个过程基本上是自给自足的，但是从头到尾做下来要很多年。这是个效率低下的模式。

今后，科学研究将从“小农经济”转入“安卓”模式。也就是说，我们会有一个统一的大平台，这个大平台是大家一起贡献的，它提供了最基础的模型，例如分子动力学模型，科学家们对什么体系感兴趣，只要在平台上做简单的应用开发就可以了。

最后我想强调，传统科学领域，即化学、材料、电子工程、化学工程、机械工程等领域才是人工智能更大的主战场。AI给我们带来的不仅仅是科学研究范式的改变——我们谈科学研究范式谈了很多——也将推动传统行业的转型和升级，希望大家一起参与到这个伟大的事业中来。

谢谢大家！

蛋白质折叠、结构预测与生物医学

迈克尔·莱维特
(Michael Levitt)

2013年诺贝尔化学奖获得者，斯坦福大学计算机生物科学家，复旦大学复杂体系多尺度研究院荣誉院长

2013年，与另外两位美国科学家Martin Karplus和Arieh Warshel因建立发展复杂化学体系多尺度模型而获得诺贝尔化学奖，其最大贡献是发展了多尺度计算模拟方法，并将其用于复杂化学体系研究。

大概在26年前，我第一次听到Linux操作系统，这真的改变了我对生活的认知。因为它关注了一些极其关键的基础性问题，让我发现开源真的是非常重要。

人类健康无疑是当前最重要的前沿领域之一。今天我所要讲的内容是蛋白质的折叠、结构预测以及生物医药领域的一些应用。

蛋白质是我们生命的秘密，而生物学就像一位老师，告诉我们生活当中的事物不仅能由人类的智能、机器的智能所创造，也能由生物的智能所创造。在生物学中，蛋白质折叠以及蛋白质结构在我们自体组合中至关重要。这个系统最为关键的是它可以自行发展和制造。我认为这就是最前沿的智能制造——它可以自然、自主地解决问题。

蛋白质由一系列氨基酸折叠而成。氨基酸会线性排列成一条长链，而后整条链会在微秒至毫秒级的时间内折叠成某一种三维结构，这就是蛋白质折叠。这就好像是造一栋楼，把所有的原材料用一根线连接在一起，接下来它们自己就可以造起来了。蛋白质折叠使生命成为可能，而生命可由蛋白质折叠来进行自我组装，这点非常重要。

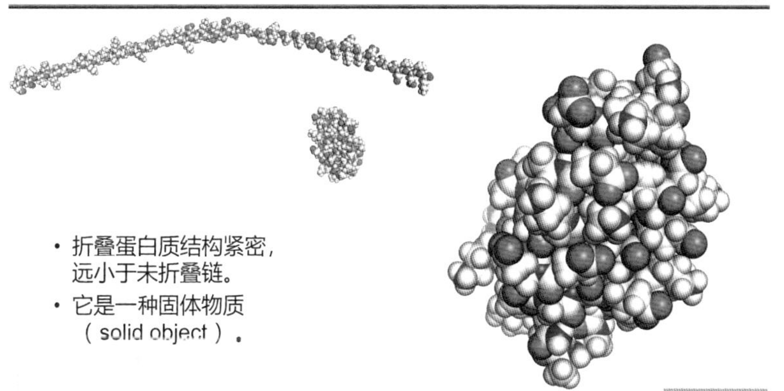

蛋白质折叠示意图

蛋白质就像是建筑的材料。非常小的蛋白质折叠起来就像一个三维拼图一样，构成一个独特的结构。研究蛋白质折叠就是去理解这样的一个单链它是如何折叠起来的，从一根很长的单链，折叠成一个很复杂的结构，同时去预测它折叠的结构。

我本人55年以来一直都致力于这方面的研究。虽然这不是人工智能领域的工作，但是我一直非常关心人工智能领域的发展。

在这个领域中，最开始由Shneior Lifson、Arieh Warshel、

蛋白质呈现复杂的三维形状

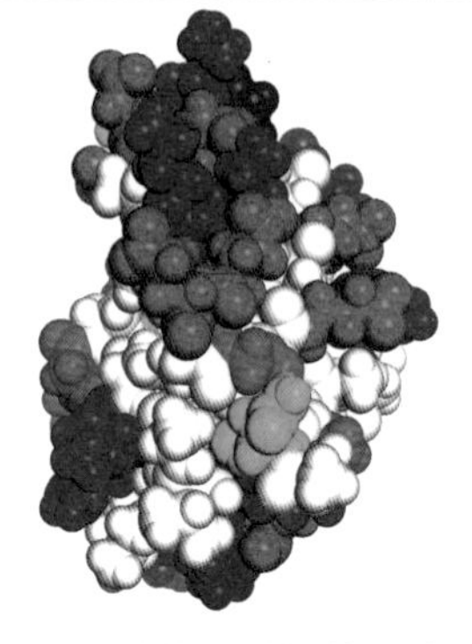

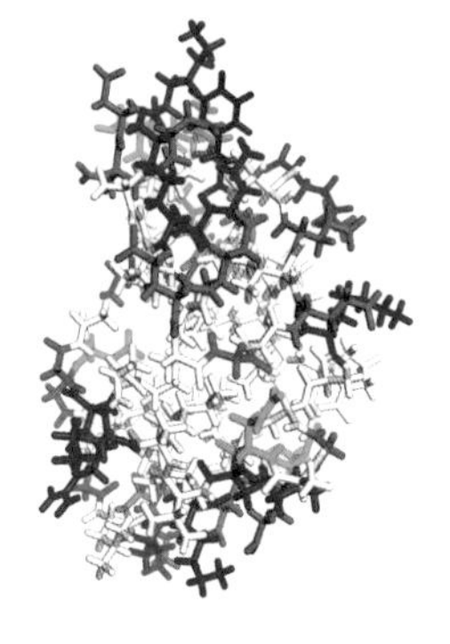

5　它们像拼图一样组装在一起　　氨基酸形状独特

©Michael Levitt 21

蛋白质的结构与形状

高分子多尺度模拟

WORLD ARTIFICIAL INTELLIGENCE CONFERENCE
WAIC
2021世界人工智能大会

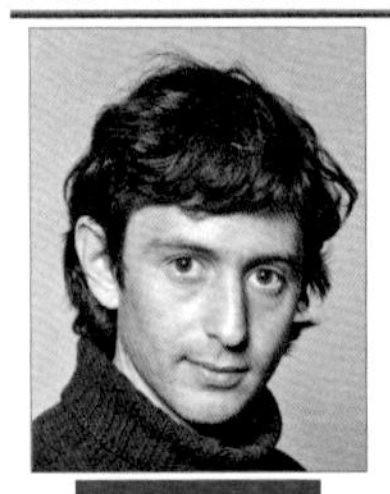

Shneior Lifson
1914–2001.

Michael Levitt　　Arieh Warshel　　Martin Karplus

7　©Michael Levitt 21

莱维特高分子多尺度模拟研究团队

Martin Karplus等3位同事以及我自己共同组成研究团队。我们很早时候就已经认识到做这种多尺度的大分子模型的重要性，其中主要的研究议题就是蛋白质折叠。在1975年的时候，我们用一个

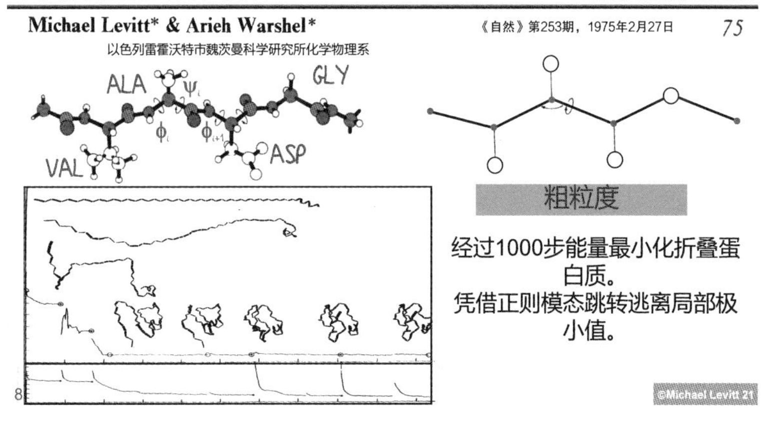
蛋白质折叠的计算机模拟
WORLD ARTIFICIAL INTELLIGENCE CONFERENCE
WAIC 2021世界人工智能大会
Michael Levitt* & Arieh Warshel*
以色列雷霍沃特市魏茨曼科学研究所化学物理系
《自然》第253期，1975年2月27日
75
ALA
GLY
VAL
ASP
粗粒度
经过1000步能量最小化折叠蛋白质。
凭借正则模态跳转逃离局部极小值。
©Michael Levitt 21

蛋白质折叠的计算机模拟

电脑的程序让一个蛋白质的单链进行折叠。

在45年后的今天，我和我在复旦大学的同事马剑鹏教授一起在上海开展“OPUS-X”项目。这是我们复旦大学复杂体系多尺度研究院自主研发的系统。在我们的研究中，我们用OPUS-X系统来折叠蛋白质，这是一个非常大的开源系统的一部分。在图片中我们可以看到所有的这些步骤，其实还要牵扯到很多复杂的机制。这套系统可以帮助我们理解蛋白质如何折叠，以及蛋白质的折叠轨迹。尤为重要的是，这个系统中运用了机器学习技术。

然而，机器学习的问题会耗费很多的计算资源，同时我们也需要人工去理解和解释运行结论。在这个方面，谷歌DeepMind的AlphaFold可以说是非常成功的案例。他们运用AlphaFold去解释蛋白质折叠的问题，并组建了一个由30～40人组成的研究团

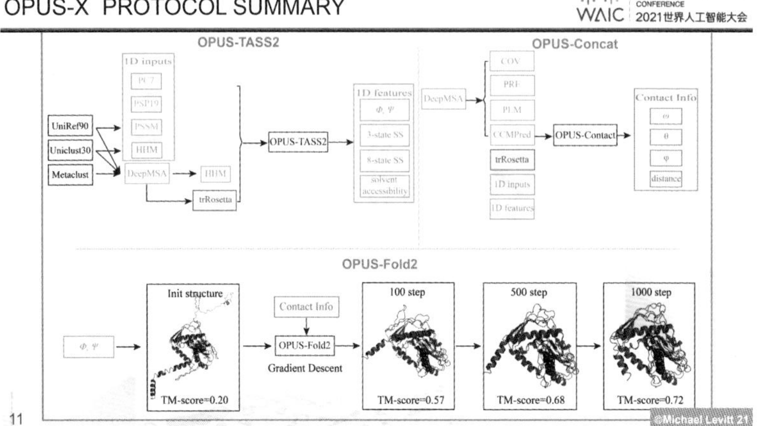

OPUS-X项目概要

队，成功实现了蛋白质结构的预测，而且预测结果比其他团队要好得多。毫无疑问DeepMind和AlphaFold达到了一个新的高度。他们使用了一种特殊的神经网络（如下图左下所示）。这个网络

神经网络连通性具有三维结构

深度学习模型的归纳偏差

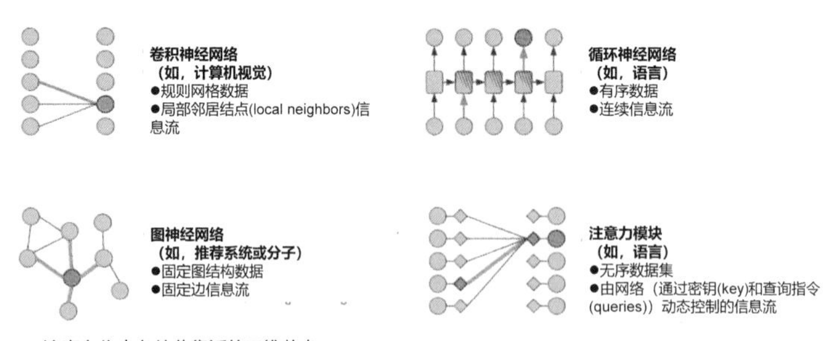

注意力集中在彼此靠近的三维节点。
神经网络学习这种连通性。
这就是我们相互之间进行的关键单位沟通。

15 ©Michael Levitt 21

具有三维结构的特殊神经网络

不单单是个简单的网络结构，它看上去就是像蛋白质的连接网络一样。

另外，他们所做的就如同马剑鹏教授所做的，还把蛋白质视为独立的片段，即一种“由硬块组成的气体”。这样蛋白质就会有更大的自由度，同时也意味着任何大小的片段都可以用同样的方法来对它进行分析和预测。

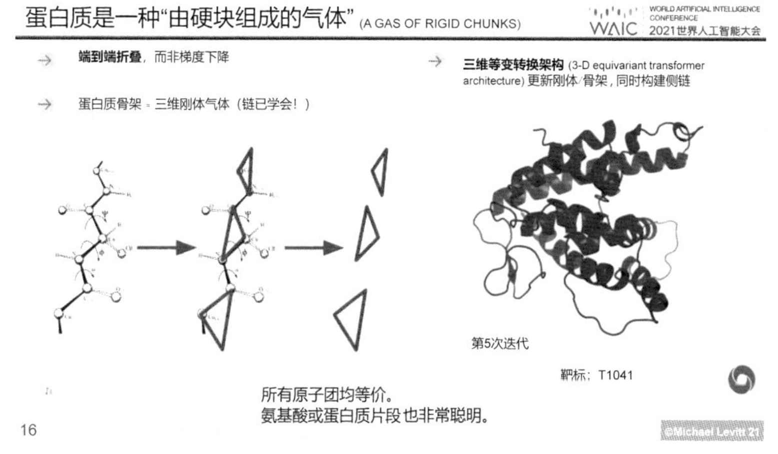

视作“独立片段”的蛋白质

这里我们采用了机器学习。相较于其他科学，机器学习更加依赖已有研究成果，更需要范例。而在蛋白质折叠研究领域，许多实验人员用X射线晶体学、核磁共振和冷冻电镜来取得结构范例，许多分子生物学家和生物信息学家通过测序方法来确定蛋白质序列，许多理论化学家和物理学家研发出一些方法并找到了最佳表示法。而要把所有的这些结合在一起再加上强大算力模拟，才能让我们得到效能和性能的显著提高。因此，我们必须要认识到，没有这些基础科学支持的话，我们是没有办法达成目前的成就的。

在生物医学领域中的人工智能贡献不仅存在于科学研究中，很多初创公司使用人工智能技术设计开发药品。这不仅限于药理学上的发明，同时也很好地改进了整个药物发现的过程。从寻找靶点开始，针对性地生成一些全新的化学复合物，然后去想办法预测它的一个结果。再结合他们的基因组等其他的临床信息，来预测这些人会对药物进行怎样的反应。这种人工智能技术的加入可以大大加快新药研发速度，而成本也会比传统的药物研究方法要低。

这一系列人工智能对生物医药领域的提升效果令人振奋，以至于每天我都觉得我很幸运。我们现在生活的时代，科学取得了如此大的进步，而且还在不断向前发展。我现在每天还在编程，还在写程序，我依然还觉得自己就像一个孩子进入玩具店时那样充满了欣喜和激动。

大数据和人工智能为生物医学带来的机遇

赵国屏

中国科学院院士，中国科学院上海营养与健康研究所生物医学大数据中心首席科学家

分子微生物学家，中国科学院院士。现任中国科学院上海营养与健康研究所生物医学大数据中心首席科学家，中国科学院分子植物科学卓越创新中心合成生物学重点实验室专家委员会主任，复旦大学生命科学学院微生物学和免疫学系主任。研究工作涉及微生物生理生化、基因组学、系统与合成生物学以及生物信息学等领域。

今天我将分享“大数据+人工智能”对生物医学研究范式的转变以及带来的机遇。我们生命体系具有复杂性。在这个复杂性下，如何利用好人工智能，今天我想分享几个观点。

首先我们来看一下我们生命世界的复杂性。这个复杂性不是简单的粒子维度，而是无论在空间还是时间尺度上都涉及很宽的维度。在空间尺度上，它可以从最小的微观层次上（如水分子），一直到我们宏观尺度上的生态体系。在时间尺度上，从生命的起源开始，一直到现在我们一个人一生的生老病死这个过程，其实都包括在这里面。所以相对于我们自然科学里的理化和天地这两个尺度，生物学的确是特别复杂。

在很多年里，我们虽然知道数学跟生物的关系是很密切的，

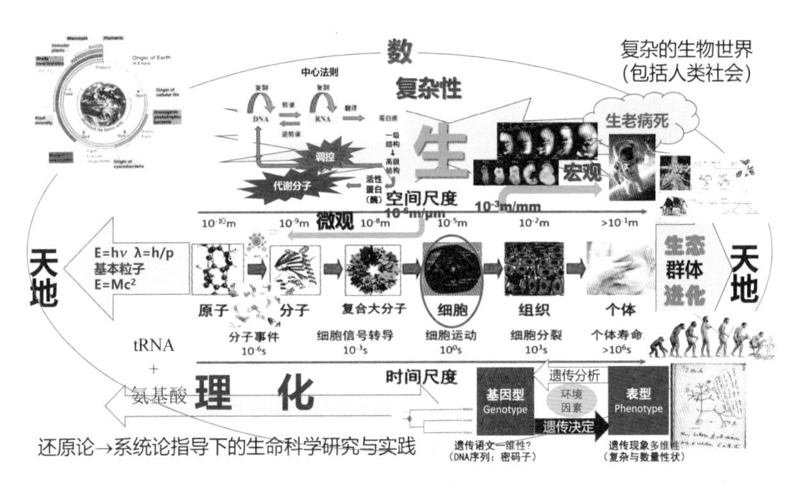

生命世界的复杂性

但是这就像我们永远在仰望一顶飘浮于空中的皇冠上的宝石，我们不知道如何让数学更好地为我们生命科学的研究发挥作用。

这一两百年以来，我们的研究出现了一个非常重要的变化。过去，生物学，包括动物学、植物学和微生物学，都是描述性的科学。在20世纪初，科学家们逐步将它们的共同规律提炼了出来，于是就有了细胞生物学、遗传学和生物化学。而当遗传学发展到更深层次的时候，也就是我们知道DNA和蛋白质的序列和结构以后，就有了分子生物学。那么再从全面的角度上看基因组的时候，就有了基因组学。这个时候我们的研究体系，也越来越从还原论向系统论方面发展，而我们研究的对象越来越集中于人这个方面，所以生物学跟医学的关系越来越密切。在这个过程中，生命科学自身也从实验科学走向了理论科学。基于对数据的大量使用，又有了计算生物学。近年来，这些计算生物学的数据量已经达到了相当的水平，可以采用数据密集型的研究范式了，这个

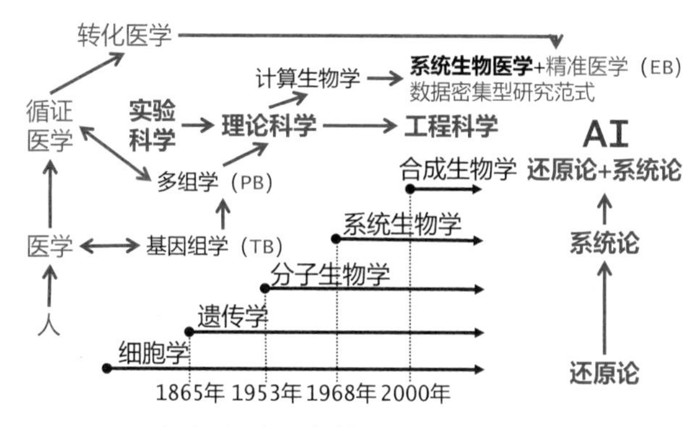

近两百年来生命科学研究体系的发展

时候我们也就开始进入了大数据时代。

我们可以看一下生命科学和医学，特别是到了生物医学这个领域，数据的复杂程度达到了一个非常非常高的水平。因为它不仅包括了医学，包括了药学，更包括了作为基础的生物学、生态

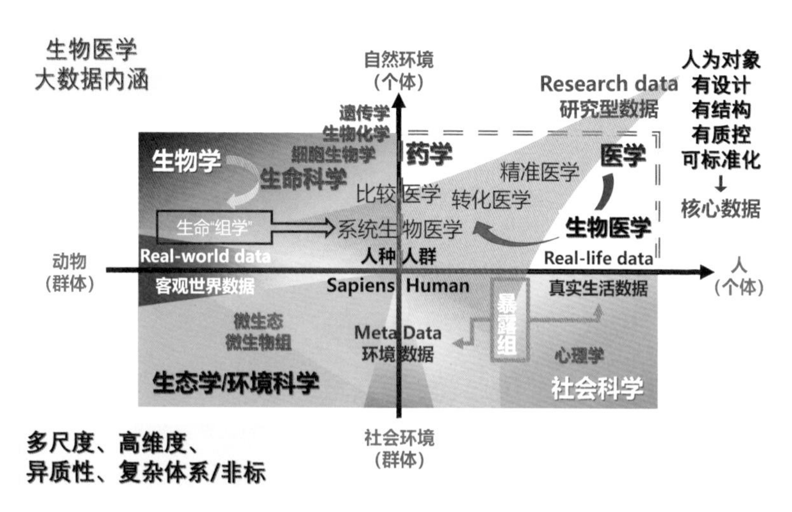

生物医学大数据的内涵

学、环境科学，以至于社会科学里面的心理学和环境暴露等方面的因素，所以生物医学大数据的最大特点，就在于它是一个多尺度、高维度、异质性的复杂体系。

面对这样复杂的体系，我们最重要的一个手段就是把中间研究型的数据，特别是系统生物医学研究的数据、转化医学研究的数据和精准医学研究的数据，与我们生命科学里面的生物化学、遗传学、细胞生物学等方面的数据结合起来，成为我们的核心数据。当我们把核心数据整理好后，再把各个方面终端的，如客观世界数据和真实世界数据，结合起来，这个时候对于大数据的利用效率就会提高。

这些年来上海和北京的一些单位一起在推动国家生物信息中心的建设。在这个过程中，我们体会到我们要建立的就是这样一个体系，其基础核心就是把数据给收集好，整理好，管理好，治

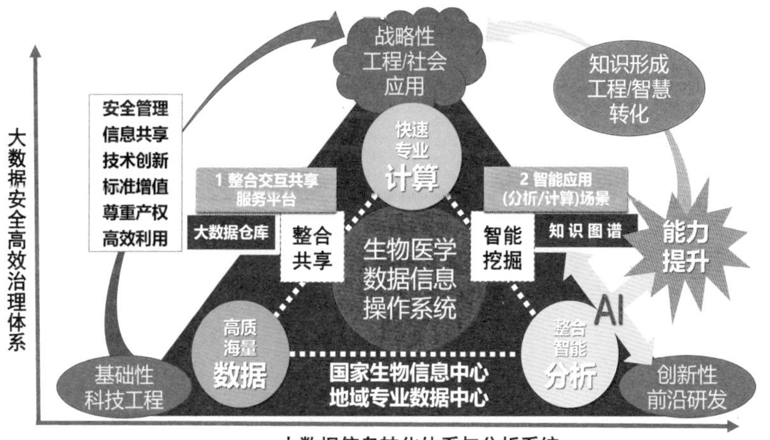

生物信息大数据体系

理好，组建高质量的海量数据。在这个基础上，能够有一个大数据仓库来提供有效的、专业的计算，直接就可以为战略性工程和社会服务。另一方面，当人工智能参与进来的时候，我们还要建设好它的知识图谱，结合大数据及一定的应用场景，我们才能够把人工智能的能力发挥出来，来加强我们做这个创新和应用的能力。

在这个方面我们做了一些努力和工作，例如我们跟上海交通大学附属胸科医院合作，在他们医院HIS系统上建立一个科研性的数据仓库，我们叫RDR。有了这个仓库后，就可以把患者的临床数据和科研的数据进行整合，并在这个平台上整合各个科研团队产出的数据。

下面就是在做肿瘤免疫治疗时的例子。大家可以看到实际上参与的科研团队是非常多，从这个基因组、转录组、免疫组、代谢组，一直到微生物组，这几个方面都在开展研究，而它针对的

基于多组学策略的NSCLC患者免疫治疗疗效预测和提高策略（上海胸科医院）

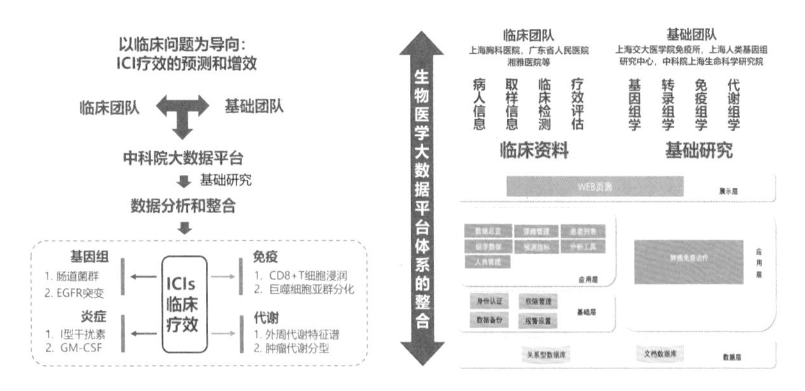

生物医学大数据平台案例

往往就是一个患者。所以有时候我们说是小样本大数据。就每个个体而言，其数据量都是巨大的，包括很多代谢的数据。

在这个层次上，如果没有一个好的数据系统去进行整合，那么整个研究就会乱套。而得益于我们建立了这样的数据系统，这几个团队能够在这个数据系统上进行很好的协作，使我们很快就可以找到一些规律性的东西。例如对于免疫治疗中特异性的特征谱和预测的指标，又如在免疫治疗中肠道微生物组的多样性和疗效之间的关系，这些都很快就转化成了研究成果。

那么在这个工作中发现了什么问题呢？其实这就是今天我要讲的一个最重要的问题，也就是说我们明明是建立了一个多组学研究的一个大数据的平台，但是实际上我们并没有能力把这个多组学数据整合在一起进行挖掘分析。所以这就是我们对人工智能的一个衷心的呼唤，希望以后能跟更多人工智能的专家一起开展这个方面的工作。

刚才提到的是在复杂医学系统中的情况。在这个过程中，实际还有一个角度是我们对精细分子层次的认识。在此层次上，如果我们用定量合成生物学方法，再加上工程设计，就可以把认识程度提到新的高度。在这方面，我们现在提出了一个方案，即我们要理解跨层次"功能涌现"的过程。也就是说，我前面所展示的这个复杂性，如何从分子的层次，走上亚细胞的层次，再走向细胞层次，要找到它们中间的规律。那么我们想用的方法一个是定量的设计能力，另外一个就是工程的合成能力，把两者结合起来进行认识。

这种认识里面有好几种策略。第一种是白箱模型。所谓白箱模型，就是我们先通过实验来收集数据，在唯象理论（phenomenology）和理论构架上建立模型，最后再用工程方法去进行验证，这也是我们传统的方法，这些工作现在已经开展了。但是大家可以看到，它实际上解决的问题相对来说还是非常简单的，而且它的效率其实也是比较有限的。

另外一个策略就是黑箱模型。之前几位都提到了 AlphaFold 2。我认为 AlphaFold 2 在计算方法方面是有很大进步的，特别就是它端到端这种训练模式。这样从 MSA 出发到三维结构的直接连接，可以避免很多信息的损耗。第二个进步就是通过自监督训练全部 4 000 万个 MSA 的数据，可以大大增加可用的数据信息，原因是以前对于数据的利用没有达到这个程度。这个方面给我们的启示是人工智能或者机器学习的方法，现在不是只有我们提供数据这一种途径，而是可以做到由模型自己来形成更有效的数据利用方式。第三个进步是构造了数据自监督的训练，以更好利用三维结构附近区域的局域扰动来建设模型。有了这三方面的进展，AlphaFold 2 才能有这么大的突破。这对我来说教育也是很深刻的，我以前总认为机器怎么也学不好，而我们人做得那么好。但现在看起来，人工智能的确是有办法的。记得几年前有一位院士跟我说，做中医的人就是不相信人工智能，如果他们相信，早把中医现代化解决了。我到现在还比较怀疑，但还是有一定相信的程度。

在这件事情上面，我们想做这么一个挑战，那就是基于人工智能对复杂系统的跨层次功能涌现的知识挖掘。那么此时大数据从哪里来，知识图谱从哪里来，场景怎么界定，算法如何来做，这些都是要关注的问题。所以我们在深圳先进研究院正在建立一个机器做实验的体系，这样它就可以快速产生大量设计过的数据，这些数据跟黑箱模型结合起来，就可以不断地推进我们的认识。

到这里我可以总结刚才讲的所有内容了，也就是说在过去的20年里，我们生命科学研究走到了合成生物学以后，出现了一系列的发展。而这20年里，大数据带来的人工智能研究也到了关键的时刻，标志性的成果就是AlphaGo和AlphaFold 2的出现，这两样合在一起让我们相信将来可以通过开源、通过平台的共享，提升我们人类的能力。我想说：生命是复杂的，因爱而能。

WAIC

卓见 · 我眼中的AI

2021世界人工智能大会期间，第一财经自7月7日（Day 0）至7月10日（Day 3）在大会现场直播间进行了全程4天的大直播，持续呈现2021WAIC大会全线精彩。总计超过150位来自科技界、学术界、企业界的专业嘉宾走进演播室，解读趋势，分享观点，并与大家互动交流。限于篇幅，以下节选部分2021WAIC 4×24大直播（及闭幕式）中的嘉宾金句片段，以从他们眼中洞悉深度观点，探寻前沿方向，呈现行业生态，捕捉发展未来。

AI · 科技创新

褚君浩

中国科学院院士

要弘扬工匠精神，我们现在在好多方面能够做得出，但是还没有做到最好，这个里面就需要精益求精的工匠精神。要把好的理念、新的理念用到我们新兴产业。

虞晶怡

上海科技大学副教务长兼信息学院执行院长，美国电气电子工程师学会会士

这一届人工智能大会上，对新的算法和新的理论的关注前所未有，新一代普惠算法一定要做到的是可解释，可信任，可追责。

陶虎

中国科学院上海微系统与信息技术研究所副所长

脑机接口作为人类大脑和外界设备，甚至和外界世界直接沟通的渠道，它最直接的用途可能还是面向广大神经疾病患者的，比如青少年自闭、中青年抑郁、中老年痴呆，以及全年龄段的渐冻症、癫痫，他们其实都是因为脑出了问题。那么脑机接口作为可以用来认识脑、保护脑、修复脑和调控脑的技术，在应对神经疾病上有望发挥很大的作用。

漆远

蚂蚁集团副总裁、首席AI科学家

AI是数字经济的源动力，“可信AI”是数字时代“抵御风险”的关键能力。

陈南希

中国科学院上海微系统与信息技术研究所副研究员

仿生学与AI的结合是为了更好地呈现生物大脑的智慧。

张晓林

中国科学院上海微系统与信息技术研究所仿生视觉系统实验室主任

数字孪生能帮助你看到视觉看不见的地方。例如，站在饭店的门口，我就能看到饭店里的菜单，这些都是可以在数字孪生中嵌入的。

胡郁

科大讯飞执行总裁

交流最自然的方式是用语音，我们在过去22年的努力当中，不断地让人和机器之间的交流更加便捷，更加智能。

王景川

上海交通大学自动化系教学系主任

我们既要突破核心算法的算力，也要突破机器人对环境或者对人的感知。

魏亮

中国信息通信研究院副院长

当前仍处在弱人工智能时代，这个时代我们经过了感知和增强感知阶段，正在走向认知阶段。人工智能的应用会越来越广泛，越来越便利。

鲁辞莽

2021年“上海科技青年35人引领计划”获得者，上海闪易半导体有限公司创始人、首席执行官

我们这一代人处在一个非常幸运的时代，既要完成很多基础知识的补课，又要完成对很多应用领域的追赶，最后还要在先进的开创性技术上实现超越。我们这一代人有机会把这三件事情一起完成。

张文强

复旦大学计算机科学技术学院研究员

目前机器人的智力还远远达不到专业人士的水平。如果我们把专业知识与算法进行深度结合，机器人在未来可能会做得越来越好。但是若想完全达到专业水平，发展之路还很漫长。

AI · 数字城市

吴志强

中国工程院院士

今年我们大会主题提到“众智成城”，具体而言：一是人类面临着外部世界的巨大危险，不管是疫情，还是地震灾难、令人担忧的核污染和气候变化。二是我们人类必须把自己连在一起，这个“城”不是用砖头砌的“城”，而是把所有人连接在一起的时候，咱们人类才能安全，所以叫“众智成城”。

吴涛

中国浦东干部学院教授，上海社会科学普及研究会副会长

随着人工智能技术不断地发展，未来人类会真正进入新的人工智能时代，打造出“未来之城”。

李蓉

上海文化广播影视集团有限公司副总裁，第一财经董事长兼首席执行官

本届大会开场大片中的六个字，“转变、赋能、重塑”，可以说非常好地总结了人工智能对我们整个社会的影响：所有的行业都会因此而转变，所有一切将被赋能，它对我们的社会经济发展的方方面面带来全方位的重塑。

孙越

埃森哲大中华区战略与咨询董事总经理

未来数字城市的发展方向在于“产业升级、空间重构、人本设计、开发创新、无界融合”。

黄丽华

大数据流通与交易技术国家工程实验室常务副主任，复旦大学管理学院教授

数据作为一种新的生产要素，其市场与传统生产要素市场有叠加的效应。在中国，数据的供方是存在的，需方市场规模随着中国数字经济的发展越来越大。综上，我认为数据要素市场的概念是成立的。当前最大的问题是成体系的市场还有所缺失。

陈燕芬

上海联通智慧城市研究院院长

数字底座是城市数字化转型中非常重要的一个课题。它要解决的问题包括：数字城市的数据从哪来，数据如何存储，数据如何传输，以及如何为城市的数字化应用赋能。城市各个领域的数字应用需要在底座上有赋能工具、治理工具、开发工具、数据库，以及高效的运算工具，这样我们的应用和开发迭代才能更快。

张诚

复旦大学信息管理与信息系统系主任

人工智能给城市建设带来的机遇和挑战有多大，更多是要看我们人类的想象力有多少。人类的想象力往往是被物理条件所约束了，当我们看到技术在不断释放我们的物理约束的时候，我们最在意的是我们能够想到多远，多成熟，多可靠。

张果琲

商汤科技副总裁

智慧城市未来的方向是从感知到决策的迭代，以更好分配公共资源。人工智能简称是AI，在汉语拼音里，它就是爱。这个城市充满了人工智能，那么城市就充满爱，人民会更幸福。

林纯洁

上海人工智能实验室战略研究中心副主任

数据资源已成为全新的生产资料，被注入我们的经济生活中。

卢勇

上海数据交易中心总经理

国家现已把数据上升到生产要素的高度，我们对数据的研究和应用已有别于过去只把其视为一种资源，而是将整个数据流通交易作为一个大的生态体系来看待。

周向红

同济大学经济与管理学院智慧城市与电子治理研究所所长

以人为本的智能城市将主要会往三个角度展开：第一个是交易，在交易当中，人脸识别、身份识别的应用现在都非常高效。第二个是交通，其中涉及订票流转轨迹的溯源也非常方便。第三个是交流，像我们今天的交流当中也可以同声翻译，我认为这一块也会越来越多地发挥作用。

王平仲

知名建筑师设计师

智能化最重要的一点就是它让你觉得舒适，让你过得轻松，而要达到这一点，需要智能家居读懂人的需求。

刘燕京

上海人工智能研究院有限公司副总经理

AI 为精准决策提供辅助，从而推动数字化城市建设。

董晓飞

南京新一代人工智能研究院总经理

人工智能需要“土壤”，需要应用场景，所以 AI 和城市建设是相互促进、共同发展的。

王春彧

“最强大脑”第五季选手，清华大学建筑系博士后

作为“最强大脑”第五季的选手，我在跟很多选手认识之后发现，他们最强大的特质是非常勤奋，当然也非常聪明。我觉得上海的城市大脑其实就是做到了勤奋和聪明。像上海的“一网通办”和“一网统管”系统，它就可以帮我们解决很多原本要付出大量时间和精力的问题。

AI·赋能百业

陶大程

京东探索研究院院长，澳大利亚科学院院士

未来，人工智能将不仅仅是一个独立的学科，也会成为一个通用工具，就像数学、物理，将会贯穿到不同的学科和领域，对于未来的制造、医疗、健康、文化、旅游、教育等产业意味着巨大的价值。

刘劼

哈尔滨工业大学讲席教授、人工智能研究院院长

人工智能技术正在深化与农业的结合，包括耕、种、管、收在内的几个环节都有所体现。农业是非常大的智能场景，也是国家安全的压舱石。

袁振国

上海智能教育研究院院长，华东师范大学终身教授

人工智能在各行各业的应用，总体是没有价值观方向的。但教育是有价值观，有意识形态，有国家文化传承的：这有别于其他任何领域。如何让人工智能起到好的教书育人作用，这是最大的难题，也是最激动人心的地方。

王延峰

上海人工智能实验室主任助理

人工智能不是洪水猛兽，每个人都可以从AI中获益。

孟樸

高通中国区董事长

高通公司在中国运营了近30年，和中国的移动通信产业链、半导体产业一直结合得非常紧密。在今后，5G技术、AI赋能千行百业的时候，高通公司和我们中国合作伙伴的合作空间会越来越大。

赵永占

ABB（中国）有限公司高级副总裁、ABB电气中国总裁

过去人工智能对于制造业的加持是定点精确、省时省力的维修和维护，而现在人工智能已经发展到能预判故障和问题，提前维修维护。人工智能正在把更多过去人们觉得不可能的事情变成可能。

魏宏峰

中科智云首席执行官

传统行业拥抱人工智能之后，将会成为一个全新的行业。智慧建造业在未来和人工智能共生之后，将会把建造工地变成没有人、没有声音、没有光污染、没有尘土污染的全新场景。虽然目前“建造业+AI”才刚刚起步，但是未来可期。

曹其新

上海交通大学机械与动力工程学院教授

因为国内主要是应用驱动，有非常好的市场，特别是我们中国是制造大国，“世界工厂”，所以说这几年工业集成在中国的应用场景是走在世界前列的，特别是在物流方面。我们大家能清晰感觉到，这次疫情后在线上买东西，很短时间内就可以收到。如果没有机器人的参与，而是完全采用人工，那是没法这么实时地把东西送到的。

吴巍

上海人工智能产业投资基金总经理

未来，技术公司做的不是一个产品，而是一种服务。过去我们讲人工智能企业的时候，普遍的问题是拿锤子去找钉子，而现在找准企业的需求很重要。

齐鹏

2021年“上海科技青年35人引领计划”获得者，同济大学副教授

在人工智能领域，中国拥有丰富的应用场景。根据应用场景的需求我们反推回去，着手技术性的研究是非常具有针对性的，这正是我们的一大优势。我希望通过对技术进行整合、创新和应用，做世界最一流的医疗机器人产品，为人类健康赋能。

邹玉贤

宝钢股份智慧制造推进办公室副主任

我们现在正努力把自己转变成专注于钢铁行业的大数据分析应用公司。一家高科技公司，这是我们给自己的定位。宝钢不仅为我们提供了国民经济建设需要的钢铁材料，更重要的是通过自己的创新，我们还研发出来很多原来我们不能做，或者说被国外垄断的材料。当然实际上高端钢铁生产本质上就是高科技，只不过它体现在工艺装备和生产线的智能化。

唐锐

纵目科技创始人、首席执行官

我们看到自动驾驶的应用场景，在停车场里让车辆自动找车位停下，临走时把它召唤到固定接驾点，这些其实是非常前沿的技术。从2021年下半年开始，陆陆续续有一些车企，可以在有限的场景下把它带入我们的生活。

陆光明

亚信安全总裁

2030年前后，国内的网络安全产业规模应该会突破万亿级。我们可以看到现在有百分之二十几的复合增长率，这就标志着它是一个比较好的朝阳产业。

唐新兵

华为数据通信产品线首席技术官

从万物互联到万物智联，最大的变化就是连接的终端会比原来更聪明，拥有更强大的智慧。

马慧民

上海市北高新股份有限公司副总经理

区块链技术将成为数据智能产业新一轮爆发性增长的基石。

王恺

斑马智行副总裁

我们在汽车行业智能化的积累，将转变成能力的产出，来加速汽车智能化的进程。

AI · 人文温度

娄永琪

同济大学副校长

人工智能的发展正在步入更有温度的时代。可以预见的是，人与人工智能的共同进化是未来的趋势。

滕俊杰

国家一级导演，上海市文联副主席，上海市电视艺术家协会主席，2021 世界人工智能大会专家顾问团成员

艺术和科技历来是对孪生兄弟。如福楼拜所说，艺术和科技在山脚分手，于山顶重逢。这样的作品一定是有价值的，高级的。

杨强

加拿大工程院院士，微众银行首席人工智能官

人工智能是一把“双刃剑”，既带来利益，也可能带来伤害，未来人工智能发展最需要的是社会责任感。

盛雪峰

上海智慧城市发展研究院院长

数字化发展非常之快，也带来一个社会问题，即数字鸿沟。这是全球共同面临的问题，不仅仅是传统的数字鸿沟，还有内容的鸿沟、应用的鸿沟。上海接下来将发布“数字伙伴”计划，其出发点就是我们要为广大不会使用、不敢使用、不愿使用新数字化设备的人群，提供更加贴心的“数字伙伴”服务。让全社会所有人都可以享受到数字红利。

周礼栋

微软亚洲研究院常务副院长、微软杰出首席科学家

目前人工智能的研究多数还停留在点。技术看上去都十分冰冷，没有温度。因此，若要与教育等领域相结合，就要变成有温度的技术，这是一项十分具有挑战性的工作。

顾功耘

华东政法大学教授，锦天城律师事务所主任

人工智能的立法需要一个过程。人工智能最终是要促进经济的发展。当前对于数据产权和数据交易的规范都还不全面，我希望上海可以走在前面。

钱学胜

复旦大学智慧城市研究中心高级研究员

数字城市不是基础设施的堆砌，也不仅仅在于技术的关注，还应在于人机的和谐共生。

蒋颖

德勤中国副首席执行官

人机交互过程中需要有更多柔性、感性的内容设计以提升用户的体验感。女性的“爱商”“美商”“融商”可以在科技时代发挥非常重要的作用，使工业设计更前卫，外表更美感，产品和行业更融合。

呼兰

知名脱口秀演员

AI赋能下，当前上海各种城市民生服务都非常精准，能主动直达有需要的人，这就应了那句话“你不用向山走去，山正向我们走来”。

AI · 生态共赢

袁涛

上海张江（集团）有限公司党委书记、董事长

一个产业生态要想能够短时间形成高地，要有一个集中度和显示度的点。

吴海

中国互联网投资基金管理有限公司、董事长

上海智能，上接国家战略、海聚全球资源、智领核心突破、能才共创卓越。

夏玉忠

上海市浦东新区科技和经济委员会总经济师

在张江，一栋楼就是一个应用场景。每一处人工智能岛的办公空间后面都有五家企业在排队等着入驻。真正先进的人工智能技术不会缺乏应用场景。

刘芹羽

人工智能空间站 AI SPACE 创始人

上海在数字化的城市管理进程中一定会走得比较靠前，包括产业的优势、人才的优势以及上海城市的信息化程度。我认为上海原来就是一个“学霸”城市，那么在数字空间当中，它不仅应该是长三角的“学霸”城市，一个很重要的节点城市，也应该是西太平洋地区的一个很重要的节点城市。上海不只是中国的，上海也是世界的。

许映童

华为昇腾计算业务总裁

众人拾柴火焰高，华为与众多合作伙伴共同打造“共生、共享、共赢”的智能世界！

WAIC · 2021

张英

上海市经济和信息化委员会副主任

我们希望把大会打造成“科技风向标、应用展示台、产业加速器、治理议事厅”。这次大会上有非常多关于人工智能未来发展的话题，在深度学习、机器学习等产业新方向上很多专家学者都做了深度演绎，为我们展示了未来新科技的方向。产业方向方面，我们有近300家企业参与了本次大会，展示了他们在各自行业中对人工智能的深度应用。在应用方面，我们有场外的实时无人驾驶体验和场内的商业应用展示项目，这次更有近千个应用项目在大会周边启动，同时也有很多往届上海“揭榜挂帅”的应用平台向大家提供更多的实践案例。我们还发布了26个报告，讨论了人工智能标准、安全、伦理等方面的热点话题。

经过4年多的发展，人工智能已“从天上的云变成了地上的雨”，让大家有了更实际的感受。在“未来品”变成了“热销品”的过程中，人工智能已渗入生活的方方面面。

钟俊浩

上海市人工智能行业协会秘书长，上海市人工智能标准化技术委员会秘书长

我们策划赛事评奖的初衷是持续为世界人工智能大会输送具有引领性、创新性的项目以及技术、团队和企业资源，为上海人工智能产业链生态的完善和人才集聚做良好的支撑。

梁晓峣

上海交通大学电子信息与电气工程学院教授，2021世界人工智能大会SAIL奖评委

2021年的奖项（SAIL奖）其实显示出几个特点：第一个特点是更加偏硬科技。此次报奖，很多芯片类的项目最终入围，在30个项目中有5个都跟芯片相关。2021年也涌现出了很多敢于啃硬骨头，敢于挑战硬科技的团队。第二个特点就是我们有些项目是具有很强的引领性和创新性的，比如来自清华大学的“天机”类脑芯片，实际上已经是类脑芯片领域的里程碑式突破，是一个非常具有标志性意义的成果。

陈辉峰

东浩兰生会展集团股份有限公司党委书记、总裁

2021年人工智能大会的三个特点：论坛、展会数量更多，参与者更多，话题更广泛。

陈思劼

第一财经传媒有限公司总经理

从第一届世界人工智能大会开始，第一财经是世界人工智能大会最重要的策划者、承办者、执行者，也是最重要的报道者。我们深信世界人工智能大会将越办越好。

附 录

2021 世界人工智能大会全景回顾

2021世界人工智能大会于7月8—10日在上海成功举办。大会深入贯彻习近平总书记关于推动我国新一代人工智能健康发展的讲话精神以及“加快在集成电路、生物医药、人工智能等领域打造世界级产业集群”的指示要求，在上海全面推进城市数字化转型的大背景下，发挥人工智能的驱动和赋能作用，在做好疫情防控、保障安全的前提下，经系统规划、精心筹备、创新组织，线下线上相结合，场内场外相呼应，向全球展示上海推动人工智能发展，打造“上海高地”的坚定决心，在海内外业界和全社会产生广泛影响并引发众多关注。

中共中央政治局委员、上海市委书记李强在开幕式上致辞时指出，要更加有力发挥人工智能的“头雁效应”，把人工智能作为全面推进城市数字化转型的重要驱动力，在打造智能经济、创造智享生活、塑造智慧治理上迈出更大步伐，加快建设更具国际影响力的人工智能“上海高地”，努力成为全球人工智能发展的最佳试验场和重要风向标，让智能时代的美好图景在上海得到充分演绎和生动展现。工业和信息化部部长肖亚庆致辞，希望各方携手——共促智能技术创新，增强发展动能；共拓智能经济空间，共享发展红利；共商人工智能治理，优化发展生态环境。市委副书记、市长龚正主持大会开幕式，指出人工智能展现出强大的应用前景和赋能价值，正为全球经济复苏注入强劲动能，也需要全球携手共同把握机遇、应对挑战。香港特别行政区行政长官林郑月娥、联合国工业发展组织执行干事伯纳德·萨尔门多，五大洲科学家代表，中国香港、中国哈尔滨、美国、德国、韩国、马来西亚分会场代表，以及芬兰、阿联酋、巴塞罗那等国家和城市代表通过视频发表了致辞。国家发展改革委、科学技术部、国家互联网信息办公室、中国工程院、中国科协等相关部委机构的领导出席。上海市委、市人大、市政府、市政协有关领导参加多场会议致辞及外事活动。

在疫情防控常态化背景下，大会以“智联世界　众智成城”为主题，线下线上相结合，汇聚了世界人工智能发展前沿观点和成果，展现了AI赋能各领域转型升级的最新实践，描绘了全球人工智能健康发展、协同共治的崭新蓝图，在海内外业界和全社会产生广泛影响并引发众多关注。

一、坚持高端定位，推动行业盛会再上新台阶

大会坚持“高端化、国际化、专业化、市场化、智能化”的办会理念，塑造“更人文、更开放、更活力”的生态，实现论坛会议、展览展示、评奖赛事、应用体验“四维融合”，活动质量、嘉宾分量、成果数量、观众流量、媒体声量“五量齐升”。大会举办1场开幕式、2场全体会议、1场闭幕式、11场主题论坛、14场领军企业论坛、27场前沿论坛、27场生态论坛、15场外场活动，汇聚了1 200余位演讲嘉宾，实现“百会千咖”。亨利·基辛格等重磅嘉宾纵论人类历史与AI。约瑟夫·斯发基斯、姚期智等图灵奖得主，迈克尔·莱维特等诺奖得主，以及49位国内院士、13位国外院士、25位国家级学会（协会）理事长等参与讨论人工智能前沿议题。国际人工智能联合会议（IJCAI）一并举办多场专题活动。海内外300余家媒体形成全方位、立体式、场景化、沉浸式报道场域，会期大会在线观看总人次达3.83亿。

二、引领科技风向标，创新策源能力更强

企业精英新锐齐聚。260位科技龙头企业和央企国企负责人、“独角兽”及行业新锐企业负责人参加大会，探讨人工智能社会价值、产业数字化转型、人工智能新基建等话题。前沿成果引领方向。全球首个机器人科学家、免开颅柔性脑机接口、高性能数据流AI芯片、数字创意智能设计引擎和《中国迈向新一代人工智

卓越人工智能引领者奖颁奖

能》论文摘得卓越人工智能引领者奖（SAIL奖）桂冠，代表行业最新成就。AI与脑科学、认知智能、隐私计算等近20个学术论坛成功举办，汇集世界顶尖学者和青年研究者。

三、搭建应用展示台，智能化体验更优

重大应用场景树立标杆。浦东数字治理、临港数字孪生城等5个重大应用场景发布。便捷就医、为老服务等11项数字生活标杆场景发布，上海百个应用场景体验手册及地图发布，让AI走近生活，贴近民生。线下应用体验更智慧。用AI技术办AI大会。“虚拟主持人”“一屏看大会”深化市民智能化感知体验。在会场周边及浦东、徐汇分会场打造智能驾驶、AI商圈、AI社区服务、

虚拟主持人

数字人民币、无人零售车等开放体验场景。线上云上会展更生动。全新打造云平台2.0，提供云直播、云会场、云展览“三朵云”。云直播4×24小时全程大放送。云会场座无虚席，身临其境观看大会直播。云展览将2020年“3D虚拟AI家园”迭代升级，创新采用视频瀑布流等热门应用。

四、打造产业加速器，资源链接度更高

创新展览首发成果荟萃。线下参展企业突破300家，较2019年翻番。商汤自动驾驶导览小巴、燧原邃思2.0芯片等13件展品在大会上首发。“AI@上海”主题展汇聚82家上海人工智能代表企业、高校、院所的最新创新成果，全景式反映上海AI发展战略

重大项目签约

AIWIN大赛颁奖

布局和格局。重大项目集聚发展动能。中国（上海）数字城市研究院、上海市人工智能标准化技术委员会等引领性机构揭牌。26个重大产业项目签约。行业生态资源对接融通。搭建技术、产品、场景、资本、人才等多方供需对接的平台。AIWIN大赛等赛事涌现一批优质算法和解决方案。举办10场人工智能投融资对接会，20家一线投资机构到场。398家企业发布1 580余个AI相关工作岗位。

五、共筑治理议事厅，激发AI社会价值

重磅成果贡献"上海经验"。全国首个《可信人工智能白皮书》等26份报告倡议发布，广泛覆盖城市数字化转型、AI与网络安全等社会热点议题。多元人群思维碰撞。通过不断扩大专家与国际代表"朋友圈"，借力企业与行业机构"生态圈"，营造全社会参与关注人工智能的良好氛围。大会既有16位顶尖高校校长与25位国家级学会理事长分享创新趋势，也有"AI女性菁英论坛"分享女性视野，展示"她"力量，还有青少年人工智能创新发展论坛，让AI创新从娃娃抓起。

上海已连续成功举办四届世界人工智能大会。面向未来，我们将持续深入贯彻落实习近平总书记和李强书记有关重要指示精神，秉持智联世界共同发展之精神，聚全球人工智能之力，继续强化人工智能领域的协同创新效应、产业集聚效应、赋能百业效应、政策集束效应，加速推进城市数字化转型，加快建设人工智能世界级产业集群，促进全球交流合作，增进人类共同福祉。

后记

2021世界人工智能大会成功召开后，在各级领导的关心支持下，大会组委会按照惯例启动成果汇编出版工作。经过几个月的编辑工作，这本《智联世界——AI筑就数字之都》呈现在读者面前。

本书文字内容来源于大会开幕式、全体会议和夜话活动的嘉宾演讲内容。在编写的过程中，得到了各位演讲嘉宾的积极配合与支持。本书的内容编辑，包括素材整理、文本梳理，以及嘉宾联络等工作，由上海市经济和信息化委员会、上海市经济和信息化发展研究中心、上海广播电视台第一财经、复旦大学智慧城市研究中心、东浩兰生（集团）有限公司等单位相关团队承担。本书的设计和出版得到上海世纪出版集团上海科学技术出版社的支持。同时，本书的出版也离不开大会各主办单位和上海市各级领导、有关部门的大力支持。在此一并表示感谢。

世界人工智能大会组委会

2021年11月

图书在版编目（CIP）数据

智联世界. AI筑就数字之都 / 世界人工智能大会组委会编. -- 上海 : 上海科学技术出版社, 2022.2
ISBN 978-7-5478-5659-8

Ⅰ. ①智… Ⅱ. ①世… Ⅲ. ①人工智能－国际学术会议－文集 Ⅳ. ①TP18-53

中国版本图书馆CIP数据核字(2022)第026964号

责任编辑：杜治纬　包惠芳
装帧设计：陈宇思

智联世界——AI筑就数字之都
世界人工智能大会组委会　编

上海世纪出版(集团)有限公司
上海科学技术出版社　出版、发行
(上海市闵行区号景路159弄A座9F-10F)
邮政编码201101　www.sstp.cn
上海雅昌艺术印刷有限公司印刷
开本 890×1240　1/16　印张 9.75
字数 215 千字
2022年2月第1版　2022年2月第1次印刷
ISBN 978-7-5478-5659-8/TP・74
定价：88.00元